综放工作面特厚难垮煤岩层水力压裂控制技术研究及应用

王明日　杨宝忠　朱贵祯　高艳刚　著

应急管理出版社

· 北　京 ·

内 容 提 要

本书针对综放工作面特厚难垮煤岩层条件下开采所面临的技术问题，以官板乌素煤矿特厚难垮煤岩治理为例，进行了水力压裂控制技术研究。主要内容包括水力压裂裂缝开启与扩展机理研究、官板乌素煤矿6号煤钻孔压裂改造模拟研究、水力压裂顶板控制工艺技术研究、综放工作面特厚难垮煤岩层水力压裂控制试验研究等。

本书适合煤矿开采、岩层控制管理人员以及相关专业的人员阅读参考。

前　　　　言

　　我国煤炭资源丰富，但煤层赋存条件复杂，约有三分之一煤层的顶板属于坚硬难垮顶板。该顶板具有厚度大、强度高、整体性强、自承能力强等特点。煤层开采后大面积悬露在采空区，短期内不垮落，一旦垮落，积聚在顶板中的大量弹性能释放，产生明显动力现象，造成工作面大面积强烈来压，给矿井安全生产带来巨大安全隐患，对矿井高效生产亦形成一定制约。

　　水力压裂技术对于控制坚硬难垮顶板具有显著效果，已广泛应用于石油和天然气工业、水利水电工程、地热资源开发等领域。在引入井工煤炭开采后，该技术可用于弱化坚硬难垮煤岩层，破坏其完整性，削弱其强度和整体性，使顶板、顶煤能够分层分次及时垮落，达到缩短来压步距、提升顶煤冒放性、降低巷道围岩赋存的应力集中程度的目的，缓解和消除坚硬难垮煤岩层对工作面采煤的影响。国内外大量实践已经证明，该技术经济实用、效果显著，并逐步应用于冲击地压治理、瓦斯抽采治理等工程领域。

　　在综放工作面特厚难垮煤岩层治理方面，水力压裂技术的应用研究尚不完善。本书以官板乌素煤矿特厚难垮煤岩层治理为例，分析了采场地应力与水力压裂裂缝开启、扩展的定量关系，得到了顶煤和顶板的岩层水力压裂关键参数；揭示了地应力、钻孔参数对水力裂缝启裂与扩展的影响规律，确定了官板乌素煤矿特厚煤层综放开采难垮顶煤与顶板单孔多次分段压裂的水力压裂快速施工工艺，并在现场成功应用；研究了特厚煤层综放开采难垮顶板初采水力压裂、巷道动压段水力卸压和顶煤压裂弱化技术，有效地解决了官板乌素煤矿特厚煤层综放开采难垮煤岩层控制难题。

　　本书针对综放工作面特厚难垮煤岩层条件下开采所面临的技术问题，介绍了解决方案以及现场实施效果，形成了较为系统的研究成果，推动在特厚难垮煤岩层治理方面有效、成熟的顶板控制技术研发，丰富了水力压裂技术的研究应用，为类似条件的矿井安全高效生产提供借鉴。

　　限于作者水平和经验，书中难免存在疏漏和不妥之处，恳请读者批评指正。

著 者

2023 年 1 月

目　　　录

1　概　　述

1.1　研究背景

　　"综放面特厚难垮煤岩层水力压裂控制技术研究及应用"是针对综放工作面特厚难垮煤岩层顶煤预裂、初次放顶、动压巷道应力控制等技术及其在官板乌素煤矿的应用所开展的一项研究课题。

　　工作面坚硬难垮顶板岩层，是指赋存在煤层上方或厚度较薄的直接顶上面厚而坚硬的砂岩、砾岩或石灰岩等岩层。坚硬难垮顶板岩石强度高、节理裂隙不发育、厚度大、整体性强、自承能力强，煤层开采后大面积悬露在采空区，短期内不垮落；一旦垮落，一次垮落的面积大、高度大，有强烈的周期性来压，且来压时有明显的动力现象，常造成支护设备损坏、人身伤害等恶性事故。

　　我国煤层赋存条件复杂，属于坚硬难垮顶板的煤层约占 1/3，且分布在 50%以上的矿区，如大同、鹤岗、枣庄、通化、神府、乌鲁木齐、晋城、潞安、兖州等；随着综合机械化采煤技术的普及，有超过 40%的综采工作面顶板属于来压强烈的坚硬难垮顶板，特别是有薄层直接顶的坚硬顶板工作面分布更广。

　　针对此类坚硬难垮顶板，我国从 20 世纪 50 年代起就开始研究其控制技术，并形成了一套坚硬难垮顶板控制理论和工艺方法。过去常用煤柱支撑法控制坚硬难垮顶板，其缺点是煤炭损失大，仍有大面积来压威胁，现在已基本不采用；采空区充填法由于成本太高也很少使用。目前我国坚硬难垮顶板的控制基本采用以爆破为主、注水软化为辅的方法，然而该方法存在以下不足：

　　(1) 工程量和炸药量大、安全性差、成本高、污染井下空气；

　　(2) 干扰采煤工序，影响采煤进度；

　　(3) 放顶效果难以人为控制，易引起工作面控顶管理困难；

　　(4) 当胶结物为碳酸盐类矿物岩层或煤层上有一定厚度的松软直接顶和人工假顶时，注水软化效果不明显；

　　(5) 在高瓦斯矿井或煤层中应用爆破控顶时，需要采取防止瓦斯或煤尘爆炸的措施；

（6）对于浅埋深情形，爆破控顶易对地面及周边环境的安全构成一定威胁，采用超前深孔预裂爆破方式弱化工作面坚硬难垮顶板时，爆破产生的震动会对地面村庄产生明显影响，导致矿井无法正常生产，同时也造成了不良的社会影响。

当综放工作面顶煤较为坚硬、完整或矿压显现较弱时，顶煤通常无法顺利放出，尤其是在工作面两个端头区域，由于巷道支护以及护巷煤柱的支撑，顶煤冒放性变得更差，若不采取顶煤弱化处理措施，往往会造成大量煤炭资源的浪费。

对坚硬难垮顶板进行爆破弱化是提升顶煤冒放性的有效方法，爆破的优点是技术成熟、效果显著、操作简单、应用较为广泛。但是，关于综放工作面顶煤及顶板控制，《煤矿安全规程》第一百一十五条规定，"放顶煤工作面初采期间应当根据需要采取强制放顶措施，使顶煤和直接顶充分垮落"；"采用预裂爆破处理坚硬顶板或者坚硬顶煤时，应当在工作面未采动区进行，并制定专门的安全技术措施。严禁在工作面内采用炸药爆破方法处理未冒落顶煤、顶板及大块煤（矸）"。该规定限制了爆破技术在顶煤弱化中的应用。因此，国内外尚无有效的综放工作面顶煤弱化技术方法。

采区采煤巷道受掘进和采动影响，工作面巷道动压显现往往较为严重，影响工作面安全、高效生产。我国主要采用全部垮落法控制煤矿工作面采空区顶板，大部分煤矿采空区顶板无法随工作面推进及时垮落，如那些岩石强度高、节理裂隙不发育、厚度大、整体性强、自承能力强的顶板岩层，在煤层开采后会大面积悬露在采空区，短期内不垮落；一旦垮落，一次垮落的面积大、高度大，有强烈的周期性来压，严重影响巷道围岩的稳定性，导致巷道难以维护，出现剧烈底鼓、片帮、冒顶等现象。

井下进行大面积开采以后，采空区上方岩层重量将向周围支承区转移，在采空区四周形成支承压力带，在工作面前方形成移动性支承压力，在工作面倾斜上下方及工作面后方形成残余支承压力（图1-1）。

受本工作面和相邻工作面采动影响，采区巷道、煤柱和实体煤上方往往赋存着较大的支承压力，这些压力是巷道产生动压现象的诱因。因此，动压巷道卸压的核心是将巷道附近的高应力削弱或转移到远离巷道的煤岩体内部，降低巷道周围附近的应力集中程度，达到使巷道处于低压区的目的。

水力压裂技术在煤矿坚硬难垮顶板的控制和动压巷道卸压方面有其独特的优势。水力压裂技术自提出以来，已广泛应用于石油和天然气工业、水利水电工

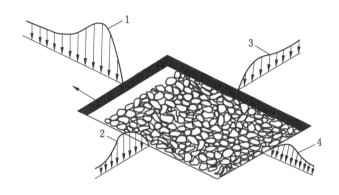

1—超前支承压力；2、3—工作面方向残余支承压力；4—工作面后方残余支承压力

图 1-1　采空区周围应力重新分布

程、地热资源开发、核废料储存、地应力测量等领域，具有广泛的工业应用价值。国内外关于水力压裂技术控制坚硬难垮顶板的研究表明，水力压裂技术可有效弱化坚硬难垮煤岩层，破坏其完整性，进而削弱其强度和整体性，使顶板、顶煤能够分层分次及时垮落，同时将巷道附近的高应力转移到自承能力未受到削弱的煤或岩体的内部，使巷道处于低压区，达到缩短来压步距、提升顶煤冒放性、降低巷道围岩赋存的应力集中程度的目的，缓解或消除坚硬难垮煤岩层对工作面开采的影响。

　　水力压裂技术作为一种经济有效的顶板控制技术已在国外推广应用，控顶效果显著，可弥补爆破控顶等技术的不足，具有良好的经济效益和社会效益。国内已经展开了水力压裂技术在煤矿中应用的相关研究，主要有水力压裂控制坚硬顶板机理及实验研究，水力压裂弱化坚硬顶板、提高煤层透气性及瓦斯抽采效果等。但是，针对综放工作面特厚难垮煤岩层条件，国内尚无成熟、有效的控制技术，严重制约了工作面安全、高效生产。

　　综上所述，针对综放工作面开采过程中面临的厚硬煤岩层导致的大面积悬顶、顶煤冒放性较差、动压巷道难以维护的问题，本项目组基于官板乌素煤矿特厚难垮煤岩层特征，开展了综放工作面特厚难垮煤岩层水力压裂控制技术研究。该研究成果对于解决类似条件矿井难题、提升矿井顶板控制和顶煤采出率具有重要意义。

1.2　水力压裂控顶发展现状

1.2.1　煤矿顶板控制理论研究现状

　　水力压裂控顶理论、技术及工程实践研究成果为本项目顺利开展研究奠定了重要基础。

当顶板是由多层厚度较薄的岩层组成时,可用岩梁理论对其进行稳定性分析;当悬顶长度不到其厚度的两倍时,往往用"板理论"进行分析;当考虑顶板岩石含有裂隙时,则多用"砌体梁理论"分析顶板的稳定性。随着理论研究及实验室和现场试验研究的深入,所述理论得到了不断的改进。

1.2.1.1 岩梁理论

该理论假定顶板岩石是均匀的、各向同性的弹性体,顶板跨度应大于其厚度的两倍,并且截面为矩形截面,所受载荷大小等于顶板厚度和岩石密度的乘积,且载荷形式为均布形式。基于上述假定计算顶板岩层的应力和变形,进而分析顶板的稳定性。

基于岩梁理论,拉伸断裂模式下顶板的极限跨距计算公式:

$$L_{max} = \sqrt{\frac{2R_t t}{\rho g}} \tag{1-1}$$

式中 L_{max}——顶板极限跨距;

      R_t——岩石抗拉强度;

      ρ——岩石密度;

      g——重力加速度;

      t——岩层厚度。

若顶板各岩层之间相互分离且无力的作用时,悬梁极限长度的计算公式:

$$L_{max} = \sqrt{\frac{R_t t}{3\rho}} \tag{1-2}$$

式中 L_{max}——悬梁的极限长度,其他参数意义同式(1-1)。

若将坚硬顶板假定为端部固定的梁,所承受载荷为上覆岩层重量产生的均布载荷,则,上覆岩层的厚度决定顶板的破坏模式,上覆岩层极限厚度的计算公式:

$$H = \frac{R_c - R_t}{2kg} \tag{1-3}$$

式中 H——上覆岩层厚度;

      R_c——岩石抗压强度;

      k——水平应力与垂直应力的比值。

当考虑地应力对坚硬顶板冒落的影响时,岩层受拉和受压顶板的极限跨距:

$$L_t = t\sqrt{\frac{2}{gH}(R_t + kgH)} \tag{1-4}$$

$$L_c = t\sqrt{\frac{2}{gH}(R_c - kgH)} \tag{1-5}$$

式中　L_t——受拉顶板的跨距；

　　　L_c——受压顶板的跨距。

当考虑顶板岩层的支撑体，即煤壁和煤柱的弹性变形对顶板稳定性及垮落的影响时，可将顶板岩层简化为承受均布载荷的水平岩梁，将支撑体视作均匀、各向同性的弹性体；试验及现场测量说明支撑体的弹性变形对顶板所受应力及挠曲有明显影响，并且顶板所受应力及挠曲的最大值介于由简支和固支两种特殊情况所得结果。

对于长壁开采条件下坚硬顶板的运动规律，通常把坚硬顶板简化为由可变形弹性体支撑、受上覆岩层传递的均布载荷作用的悬臂梁，进而分析顶板的挠曲线及顶板和煤层存储的应变能。

对于含裂隙顶板岩层，顶板的垮落步距是由裂隙的方向、岩层交界面特性、岩石重力密度和岩石的抗拉强度决定的，顶板岩梁初次垮落和周期垮落的计算公式：

$$L_f = F\sqrt{\frac{2itR_t}{\rho}} \tag{1-6}$$

$$L_p = F\sqrt{\frac{2itR_t}{3\rho}} \tag{1-7}$$

式中　L_f——初次垮落步距；

　　　L_p——周期垮落步距；

　　　F——裂隙方向影响因子；

　　　i——弱化系数。

对于综放采场顶板的控制，往往是通过现场监测岩层移动来建立综放采场顶板控制的悬梁模型及其数值模型，运用数值方法分析坚硬顶板不同来压步距对顶煤的压裂效应，同时确定合理的支架阻力，从而实现对顶板的有效控制。

1.2.1.2　板理论

当顶板长度小于其厚度的两倍时，往往用板的相关理论对其进行稳定性分析。

对于房柱式和条带式采矿工程，通过建立表征采空区矿柱支撑顶板的弹性基础板力学模型，顶板不同阶段的破断模式与突变失稳的力学过程表明，当煤柱的有效承载面积逐渐减小到临界值时，非线性控制参数可穿越分叉点集，顶板位移突跳产生极限点失稳，煤柱-顶板系统出现突然塌陷失稳。

当考虑岩体的流变特性时，采空区顶板下沉位移随时间延长而增大，在给定比较长的时间跨度时，即使是坚硬岩体顶板，位移仍会有相当大的量值，进而引起采空区顶板破断。

对于四周固定、长度为 L、厚度为 b 的平面矩形板，承受均布载荷时，最大挠度和拉应力的计算公式：

$$D_{max} = \frac{A\rho g b^4}{Et^2} \qquad (1-8)$$

$$\sigma_{max} = \frac{6B\rho g b^2}{t} \qquad (1-9)$$

式中　　D_{max}——最大挠度；

σ_{max}——最大拉应力；

b——顶板厚度；

E——岩石弹性模量；

A、B——与顶板长度和厚度比值有关的参量。

式（1-8）和式（1-9）适用于挠度远小于板厚的情形，当板的长度与厚度的比值大于 2 时，上式计算结果与固定梁的结果比较接近，最大应力相差不到 1%，最大挠度相差不到 12%。另外，该式对于钢铁类材料的适应性比较好，其原因是钢铁类材料的弹性参数在拉伸和压缩状态下几乎是相等的；然而，对于岩石类材料，两种应力状态下的弹性参数有较大的区别。如果对整个板都使用一个弹性参数进行分析，则会得到错误的结论。

1.2.1.3　砌体梁理论

当顶板岩层裂隙较发育时，不能简单地将其假定为连续的弹性梁进行稳定性分析。砌体梁理论认为裂隙发育顶板的岩石处于挤压状态，并通过形成的"压力拱"来支撑其自重，其要点大致为：顶板上覆岩层为完全卸压区；裂隙将岩层切割成块状的砌体梁；顶板岩石处于挤压状态，压应力分布于中性面，支撑力呈线性分布；挤入线形状为抛物线形。砌体梁有三种断裂形式：当跨度与厚度的比值较小时，顶板将沿支撑体，即煤柱或煤壁切落；当跨度与厚度的比值较大时，支撑体并无明显破裂，顶板即发生下沉以至于垮落；当跨度与厚度的比值介于上述两者之间时，在顶板中部或煤体支撑处易发生挤压破坏，并导致最终的垮落。

基于松弛迭代法的砌体梁稳定性分析迭代程序，其方程如下：

$$f_c = \frac{\rho s^2}{4nz} \tag{1-10}$$

$$f_{av} = \frac{1}{2} f_c \left(\frac{2}{3} + \frac{n}{2} \right) \tag{1-11}$$

$$L = s + \frac{16z^2}{3s} \tag{1-12}$$

$$\Delta L = \frac{f_{av}}{E'} L \tag{1-13}$$

$$Z = \left[\frac{3s}{16} \left(\frac{16z_c^2}{3s} - \Delta L \right) \right]^{\frac{1}{2}} \tag{1-14}$$

$$n = \frac{3}{2} \left(1 - \frac{z}{t} \right) \tag{1-15}$$

式中　　f_c——最大横向应力；

　　　　ρ——岩石密度；

　　　　s——梁的跨度；

　　　　n——载荷与深度的比值；

　　　　f_{av}——横向应力的平均值；

　　　　L——压力拱的弧长；

　　　　ΔL——压力拱的弹性变形部分；

　　　　E'——岩石的弹性模量；

　　　　z_c——上一计算循环的 z 值；

　　　　t——梁的厚度。

由该迭代程序可得到连续的 f_c、f_{av}、L 值，每次计算产生新的 n 值，代入式（1-10）后进行下一次迭代计算，直至迭代结果趋于稳定。

1.2.1.4　能量理论

采矿工程中，由于开挖产生的瞬时应力可能大于系统稳定后的静态应力，通过分析系统能量的变化可研究这种瞬时状态对工程结构稳定性的影响；岩爆或煤爆是由于储存在煤岩体中的应变能突然释放而造成的。因此，从能量变化的角度分析岩爆等冲击地压现象是比较有效的方法。

煤岩层中积聚的应变能是岩爆或煤爆的内在驱动力，由于煤体易于压缩，即使在相对较低的应力状态下也能积聚大量的应变能，并且上覆坚硬岩层会促使能量的积聚以及最终的释放。

将顶板简化为悬臂梁或固支梁时，储存在悬臂梁、固支梁和煤体中能量的计算公式：

$$W_{rc} = \frac{Q^2 L^5}{40EI} \tag{1-16}$$

$$W_{rf} = \frac{Q^2 L^5}{1440EI} \tag{1-17}$$

$$W_{coal} = \frac{1}{2E_c} \left\{ P^2 + \left(\frac{P}{M-1} \right)^2 - \frac{2}{M} \left[\left(\frac{2P^2}{M-1} \right) + \left(\frac{P}{M-1} \right)^2 \right] \right\} \tag{1-18}$$

式中　W_{rc}——储存在单位体积悬臂梁中的应变能；

　　　W_{rf}——储存在单位体积固支梁中的应变能；

　　W_{coal}——储存在单位体积煤体中的应变能；

　　　Q——单位长度上的载荷；

　　　P——主应力；

　　　L——顶板岩梁长度；

　　　E——顶板岩石弹性模量；

　　　E_c——煤体弹性模量；

　　　M——煤体的泊松数，泊松比的倒数；

　　　I——惯性矩。

1.2.1.5　与坚硬顶板有关的煤矿灾害

煤矿开采过程中，在高应力状态下积聚有大量应变能的煤或岩体，在一定的条件下突然发生破坏、冒落或抛出，而使能量突然释放，具有突然爆发的特点，产生剧烈的动压，比如冲击矿压、顶板大面积来压及煤与瓦斯突然喷出这样严重的自然灾害。

基于煤样的加卸载试验，利用能量指数 W_{index} 来评价煤爆倾向性，W_{index} 由下式确定：

$$W_{index} = \frac{E_e}{E_p} \tag{1-19}$$

式中　　E_e——加载过程中储存于试样中的弹性能；

　　　　E_p——卸载过程中由于永久变形损失的能量。

W_{index} 值越大，煤爆越易发生。

煤爆的发生与坚硬顶底板有关。当顶底板岩层刚度和强度大约为煤层值的 10 倍时，煤层具有煤爆倾向性。煤爆或岩爆与能量释放率有关，岩爆或煤爆的次数随能量释放率呈指数增长。采矿工程中绝大多数的岩爆发生在坚硬顶板条件下。

顶板垮落导致空气压缩的过程为绝热过程，因为热量传入围岩的速度要远小于空气压缩过程，在封闭空间内，顶板大面积垮落会产生相当高的空气压力，且气体的压力越大，温度越高。当顶板大面积冒落时，封闭空间内压缩空气的温度会急剧升高，最终会达到引起瓦斯或煤尘爆炸所需的温度。

组合煤岩样变形破裂的电磁辐射规律为：加载初期，电磁辐射信号增加，然后略微减小，出现一段较为平稳的区域；当临近主破裂时，电磁辐射信号有大幅增加；进入残余变形阶段时，电磁辐射信号又逐渐减小；电磁辐射信号与顶板在组合煤岩样中的比例成正指数关系，可用于工作面冲击危险性预测预报。

1.2.2　煤矿坚硬难垮顶板控制技术研究现状

顶板的控制和处理技术是重要采煤国家普遍遇到的技术难题。过去常用煤柱支撑法开采，包括房柱法、短壁刀柱法等。这种方法虽然直接成本低，顶板控制工程量小，但煤炭资源损失大，且仍然有大面积来压的威胁。多年来，随着采煤方法的改进以及长壁综合机械化采煤法的普及，国内外采矿工作者对顶板的控制大都采用弱化处理，包括：对顶板进行高压预注水或预裂爆破的方法，从而可将坚硬难垮顶板改变为较易垮落的顶板，为长壁机械化开采创造条件。

国外煤矿对于坚硬顶板条件下岩爆的防治大都采取注水和爆破方法，降低坚硬顶板的强度和来压步距，从而降低其来压强度，达到防治岩爆的目的。苏联研究试验了顶板预先弱化的先进工艺技术，即工作面前方预裂爆破、高压预注水以及二者相结合的技术。如古科夫煤炭生产联合公司各矿采取顶板水力压裂法和超前钻孔松动爆破法处理坚硬顶板，防止采煤工作面大面积来压。波兰的坚硬顶板的煤矿采取浅孔、深孔爆破和水力压裂、注水软化顶板的方法，并配以离层仪和地音仪监测，同时可用于防止冲击地压，如大哥特瓦尔德矿和寄米特洛夫矿进行的水力压裂工艺。印度各煤田均有难垮顶板，岩层除厚砂岩外，还包括相当数量的页岩或粉砂岩顶板，岩石强度不高，但整体性强，且开采深度一般较小，在

S. K. Sarkar、Jhanjra 煤矿相继采取过爆破方法来处理坚硬顶板。

我国从 20 世纪 50 年代起开始研究坚硬难垮顶板的控制，不仅在生产实践中积累了一定的经验，而且在理论研究上也处于国际先进行列。最为典型的是在大同矿区进行的"坚硬顶板条件下综合机械化开采"科技攻关项目。该项目深入研究了强制爆破放顶与注水弱化两种坚硬顶板处理工艺，分别形成了步距式深孔放顶、循环浅孔放顶、端头强制切顶、超前深孔预爆破松动顶板、高压预注水和水力压裂的技术和工艺。之后这些技术和工艺都得到了应用和完善，为我国矿山岩爆的防治发挥了巨大作用。

水力压裂是利用特殊的开槽钻头在普通顶板钻孔中形成预制横向切槽，然后对横向切槽段封孔，注入高压水，利用高压水在切缝端部产生的集中拉应力使裂隙在顶板岩层中扩展，从而将完整而坚硬的顶板岩层分割成多层，由整层的一次性垮落转化为分层逐步垮落，保证采煤安全。该技术最初主要应用于石油、天然气开采行业。波兰煤炭科学院冲击地压与岩石力学研究所于 1993 年开始，对水力压裂技术在煤矿井下坚硬顶板条件下的应用进行了研究，至今已在波兰多个矿井推广应用，之后在苏联的有些煤矿都有应用的报道。煤炭科学研究总院对水力压裂的机理和装备都进行了研发和地面试验，取得一批科研成果。

1.2.3 煤矿动压巷道综合卸压技术研究现状

1.2.3.1 动压巷道变形特点

动压巷道的变形具有变形速度快、变形量大、变形形式复杂、变形无法稳定等特点。动压巷道产生变形最主要、最直接的原因是工作面超前支承压力和相邻工作面侧向支承压力的影响。此类巷道的支护压力大，支护困难。动压巷道经过多次不同程度的采掘影响，围压受加卸载的作用，导致巷道围岩出现反复破坏，围岩内出现裂隙的弥散性扩展，加大了围岩松动圈的范围，围岩承载能力降低，围岩由较为完整的岩石材料变为由断裂面构成的结构体，岩石强度衰减明显，围岩的变形转化为岩石沿断裂面的滑动。这时，巷道支护环境进一步恶化。

1.2.3.2 动压巷道综合卸压技术

受本工作面和相邻工作面采煤影响，采区巷道、煤柱和实体煤上方往往赋存较大的支承压力，这是巷道产生动压现象的诱因（图 1-2~图 1-4）。因此，动压巷道卸压的核心是将巷道附近的高应力削弱或转移到自承能力未受到削弱的煤岩体内部，降低巷道周围的应力集中程度，达到使巷道处于低压区的目的。

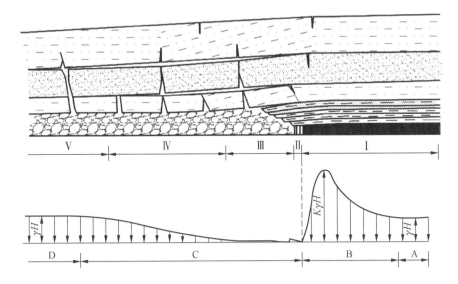

A—原始应力区；B—应力增高区；C—应力降低区；D—应力稳定区

图 1-2 采煤工作面前后方的应力分布

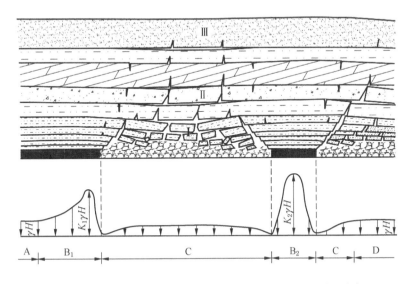

A—原始应力区；B₁、B₂—应力增高区；C—应力降低区；D—应力稳定区

图 1-3 采区煤体和煤柱的应力分布

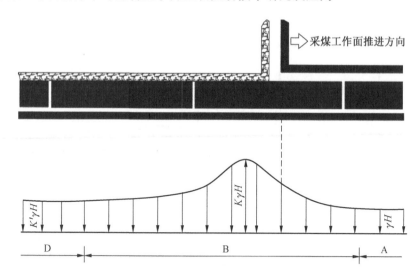

A—原始应力区；B—应力增高区；D—应力稳定区

图1-4 护巷煤柱在采煤工作面前后方的应力分布

1. 切缝

切缝包括底板切缝和两帮切缝。

底板切缝使巷道底板浅部岩层中的水平应力向深部转移，使底板浅部岩层中的水平应力得以解除，从而避免浅部岩层的弯曲、鼓起。底板岩层在巷道应力场的作用下向切缝空间移动，底鼓量明显减小，但两帮移近量和顶板下沉量明显增加；切缝深度对卸压效果有重要影响，一般情况下，切缝深度应大于底板宽度的一半，还应根据岩石的物理力学性质及其应力场分布来确定。

两帮切缝主要是降低两帮的承载能力，使巷道两帮的应力峰值向深部转移，从而使其处于应力降低区。

2. 打孔

当钻孔打出以后，与巷道开挖一样，钻孔周围应力重新分布，如图1-5所示，产生松动区和塑性区，周围岩体向孔内移动，其卸压机理与切缝相似。

3. 松动爆破

在巷道底板或两帮进行松动爆破后，出现众多人为裂隙，使底板附近的围岩与深部岩体脱离，使原处于高应力区的底板岩层卸压，将应力转移到深部围岩。

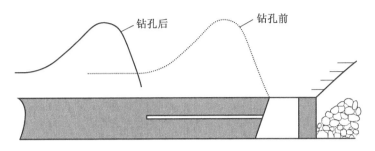

图 1-5　钻孔卸压前后应力分布情况

4. 卸压煤柱

在采煤巷道中运用卸压煤柱可取得一定的控制底鼓的效果，当工作面一侧的巷道没有卸压煤柱时，由于煤体受集中应力的作用，不仅使煤体向巷道内移进，而且底板因承受过大的压力而产生底鼓，此时卸压煤柱的作用是传递而不是承受压力，卸压煤柱破碎后，可将作用在其上面的应力转移到较远的煤体上，减少底鼓量。

上述方法虽能释放或转移巷道围岩附近岩体中的高应力，缓解巷道的动压现象，但往往工程量较大，成本较高。使用爆破方法时，安全性较低，并且卸压效果难以人为控制。因此，并未形成有效并可推广应用的动压巷道卸压技术。

1.2.4　我国综放开采技术现状

1.2.4.1　综放开采回收率现状

综放开采经过 20 多年的探索、完善与提高，在巷道支护、支架造型设计、"一通三防"、综放工艺等方面有了长足发展并日趋成熟，但提高煤炭资源的回收率仍然是综放开采技术研究的关键问题，尤其是对于难冒煤层的回收率研究更应深入。

从综放工作面煤炭损失结构来看，煤炭损失主要由 3 个方面构成：一是工作面在初采和末采期间，由于不能放煤或不能充分放煤而引起的损失；二是工作面两端过渡支架和端头支架不能放煤而引起的损失；三是放煤工艺引起的损失，其中包括顶煤的冒放性、放煤方式、放煤步距的影响和储量管理工作的影响，其中顶煤的冒放性起决定性的作用。我国几个主要矿区综放工作面采出率数据见表1-1，由表 1-1 可以看出，放煤工艺损失是综放工作面煤炭损失的主要构成成分，平均损失率为 12.95%，占总损失率的 64%。

表 1-1 我国几个主要矿区综放工作面采出率数据

矿井名称	工作面名称	损失率/%				工作面采出率/%
		合计	初末采	端头	放煤	
兖州兴隆庄矿	5311	22	5.64	3.19	11.64	78.00
	1301	24.33	3.40	4.74	13.20	75.67
	4313	16.12	1.36	2.60	12.16	83.88
	5307	27.62	9.45	3.25	11.91	72.38
	5306	54.03	19.00	6.04	2.44	81.00
	4316	15.68	0.43	2.47	12.78	84.32
	2304	17.00	1.48	3.03	12.49	83.00
兖州南屯矿	1308	18.51	0.87	1.68	15.95	81.49
	1303	19.40	0.29	1.57	17.54	80.60
	1302	16.01	0.20	1.26	14.55	83.99
	1306	16.24	0.58	0.68	14.98	83.76
	63上10	15.05	1.39	2.31	11.35	84.95
	13上01	14.65	0.40	2.06	12.19	83.35
	13上04	13.64	1.00	1.83	10.81	86.36
兖州东滩矿	143上07	17.44	0.35	2.56	14.45	82.56
	43上02	19.67	0.02	2.79	16.85	80.33
大同煤峪口矿	8809下	28.17	5.47	6.35	16.35	71.83
	8807下	26.07	4.75	4.59	16.73	73.93
	8811下	28.68	2.58	4.30	16.33	71.32
	8812下	27.85	2.95	4.64	13.69	72.15
郑州米村矿	150011	13.90	0.65	1.44	11.81	86.10
	15011	14.80	1.77	1.6	11.43	85.20
	15051	13.30	0.52	0.78	12.00	86.70

表 1-1（续）

矿井名称	工作面名称	损失率/%				工作面采出率/%
		合计	初末采	端头	放煤	
阳泉一矿	8603	15.47	1.39	1.90	9.19	84.53
	8701	15.60	0.86	2.00	10.44	84.40
阳泉三矿	80606	20.54	1.31	2.65	13.88	79.46
阳泉四矿	8312	18.69	1.30	1.95	12.39	81.31
平均		20.39	2.57	2.75	12.95	80.84

综放开采目前存在的主要问题之一就是工作面采出率偏低，影响综放工作面采出率的外在因素很多，大体上可以分为两类：第一类是开采设计参数的影响，其中主要包括工作面长度、工作面推进长度等；第二类是赋存要素以及煤层力学特性对工作面采出率的影响，赋存要素包括煤层厚度、开采深度、煤层裂隙发育程度等，煤层力学特性包括煤层的抗压强度、抗拉强度、韧性等。

对于难冒煤层而言，主要是指赋存要素以及煤层力学特性对冒放性的影响，而对煤层冒放性影响最重要的因素是煤层的硬度、煤层的赋存深度和韧性等。我国中硬和难冒煤层综放工作面采出率数据见表 1-2。

表 1-2　我国中硬和难冒煤层综放工作面采出率数据

局、矿	工作面编号或个数	煤层厚度/m	工作面采出率/%	备注
潞安王庄矿	10 个面	7	85.2	
潞安漳村矿	6 个面	6.5	88.49	
潞安石圪节矿	2 个面	6.5	92.24	
阳泉四矿	8312	5.45	81.61	
阳泉二矿	8405	6.75	84.9	中硬煤
阳泉矿务局		6.0	82.1	
兖州鲍店	3 个面	8.5	82.8	
兖州兴隆庄	4316	8.22	84.5	
兖州东滩矿	43上09	6.0	85.93	
兖州南屯矿	13上01	6.5	82.1	

表1-2（续）

局、矿	工作面编号或个数	煤层厚度/m	工作面采出率/%	备注
铜川下石节	2042	5~10	82.3	中硬煤
大雁二矿		14.02	81.8	
徐州三尖河矿	7131	7.0	82.0	
平均采出率			83.46	
大同忻州窑矿	8916	8.26	71.24	硬煤
大同忻州窑矿	8911	7.5	80.37	
大同煤峪品矿	8713	6.8	76.99	
晋城凤凰山矿	3304	5.7	76.5	
铜川陈家梁			72.00	
彬县下沟矿	2个面	12	80	
平均采出率			76.18	
总的平均采出率			81.74	

由表1-2可知，总的平均采出率为81.74%，中硬煤层平均采出率为83.46%，硬煤层平均采出率为76.18%；难冒煤层的采出率偏低，硬煤层平均采出率低于总的平均采出率5.56个百分点，低于中硬煤层的平均采出率7.28个百分点。所以改善难冒煤层的冒放性，提高难冒煤层的采出率是综放开采的一个非常重要的课题。

由以上分析可知，综放开采回收率低的主要原因是顶煤冒放性不好，所以要提高煤炭资源的回收率，主要是改善顶煤的冒放性。对于易冒煤层只要采取合理的放煤工艺就可以提高顶煤的回收率。对于难冒煤层首先应提高顶煤的冒放性，然后采取合理的放煤工艺，减少煤炭损失。

1.2.4.2 综放难冒煤层开采技术发展现状

在我国一般条件下综放开采中的主要问题已基本解决，综放开采技术已得到了较广泛的推广应用，并取得显著的经济效益。当前急需解决的是在难冒煤层条件下采用综放高效开采的问题。

晋城矿务局在煤的硬度系数 $f=3$，但节理裂隙发育的3号煤层试验综放开采，采用主裂隙组方位与工作面推进方向合理匹配的方法较好地解决了煤体较硬，但节理裂隙发育的顶煤垮落问题。大同矿务局在忻州窑煤矿8911工作面的顶煤布置两条工艺巷，采取深孔爆破技术，煤层的冒放性有了很大的改善，采出率能达到 75% 左右。靖远矿务局红会一矿采用坚硬顶煤预先深孔爆破和爆破裂隙区动压注水的综合弱化方式解决了 16 m 的坚硬特厚煤层的综放开采问题，工作面采出率达到了 84% 左右。1996 年"坚硬特厚煤层综放开采关键技术"被列为煤炭工业部"九五"重点科技攻关项目后，谢和平院士等建立了煤体爆破分形能量模型，进行了层状砂浆模型爆破实验，在此基础上对顶煤爆破布孔参数进行了定量化的优化，提出了三角形布孔方案。彬县下沟矿采用架前爆破，也很好地解决了顶煤不易冒落的问题，其工作面采出率达到了 80% 左右。

东滩煤矿用注水软化方法改善含较厚硬夹矸层顶煤冒放性也取得了很大的成功，注水压力为 16 MPa，超前工作面 70~80 m，注水孔直径为 70 mm，经过注水软化后顶煤回收率达到了 80.2%。

在顶煤弱化技术研究试验取得成效的同时，一些专家学者对煤体偏硬，顶煤垮冒存在一定程度困难的综放工作面的顶煤垮冒规律、改善顶煤回收率技术也积极进行了研究试验，使这些综放工作面的顶煤单产和回收率有了进一步的提高。邓广哲博士研究了煤层裂隙应力场控制渗流特性、硬煤裂隙能量补偿原理和煤层水力致裂弱化顶煤方法，依据能量原理建立了注水弱化顶煤的判别式。1998 年兖州矿务局鲍店煤矿在其综放工作面进行了顶煤深孔爆破弱化试验。很多综放工作面都进行了以防治煤尘和降低顶煤强度为双重目的的煤层注水，华亭煤矿在急倾斜巨厚煤层综放工作面进行了顶煤中深孔爆破试验，铜川矿务局下石节煤矿、陈家山矿，兖州南屯矿等进行了顶煤预先水力致裂弱化的工业性试验等。

纵观难冒煤层综放开采技术及其顶煤预先弱化技术，上述这些方法都是卓有成效的，有力地推进了难冒煤层综放开采技术和顶煤预先弱化技术发展，但是已有的研究主要针对坚硬顶煤这类煤层，对于有的煤层不是很硬，但韧性比较大的难冒煤层没有进行过深入的研究，这类煤层仅在灵州地区储量为 273 亿 t。1994 年，磁窑堡煤矿在 C32 工作面进行了预采顶分层，使用了 HWMZ 网格支架放顶煤技术；2000 年，羊场湾一矿在 Y242（3）工作面进行了预采顶分层单体液压支柱放顶煤技术试验，在两次试验中发现，开采时大块比较多，顶煤回收率较低。因此，研究这类煤层的顶煤弱化技术是一个新的课题。

1.2.4.3　难冒煤层综放开采矿压显现特点

由分层开采与综放开采围岩支撑体系可以看出，分层开采围岩支撑体系为基本顶—直接顶—支架—底板，综放开采时围岩支撑体系变为基本顶—直接顶—顶煤—支架—底板。综放开采顶煤体充当了原来意义上的部分直接顶，而其力学性质随着工作面推进发生显著的变化，也就是说，综放开采在顶板岩层和支架之间增加一层强度较低的顶煤充当了部分直接顶，作为上位岩层活动的"垫层"，它起着综放开采时顶板下沉运动基础的作用，也是顶板回转下沉时对支架作用的中介层，它的力学特点在支架—围岩关系中起着关键性作用，因此，分析综放开采的矿压不能全部套用分层开采的理论。

综放工作面一次开采厚度大、支架直接支护的对象为相对较为松软的顶煤，因此与中厚煤层或厚煤层分层开采相比，工作面矿压显现有明显的不同。根据文献等大量研究结果，一般条件下的综放工作面矿压显现具有下述典型特点：

（1）综放工作面支架载荷普遍较小。同一煤层综放开采与分层开采顶分层相比，工作面的支架载荷减少 5% ~68%，来压强度减少 15% ~20%。

（2）综放工作面支架所受动载荷普遍不强烈，动载系数较分层开采的顶分层工作面低，周期来压对支架的影响明显缓和，表明基本顶的活动对支架作用明显减弱。

（3）四柱式综放支架前柱的平均工作阻力在大多数情况下大于后柱的平均工作阻力。

（4）综放开采基本顶平衡结构将向高位转移。综放开采由于一次开采厚度大，顶板活动空间大，上位岩层在工作面前方煤体、支架与采空区碎胀矸石支撑作用下形成平衡结构。

对于顶煤经过弱化后，难冒煤层综放工作面矿压显现有下述特点：

（1）工作面存在明显的周期来压现象，特别是其中部分周期来压显现明显剧烈，来压持续时间较长。

（2）支架载荷较大且波动较大，特别是支架后柱载荷变化幅度大，支架平均载荷与分层开采相比差别不大，但来压时的最大平均工作阻力明显大于分层开采时。

（3）周期来压对顶煤的采出率的影响明显，来压之前顶煤的采出率下降，来压期间顶煤的采出率较高，而一般综放工作面顶煤采出率受周期来压影响相对较小。

（4）顶煤弱化对支架载荷有一定的影响，弱化程度差时，支架载荷变大，顶煤弱化好时，支架载荷波动变小。

在难冒煤层综放面，由于顶煤整体强度高，而且工作面前方支承压力的影响范围也相对较小，顶煤经过支承压力高峰的破坏后，在到达工作面支架上方时破坏程度较低、破碎块度大，是以较大的块体堆砌在支架上方。这种坚硬大块煤堆砌体中块体间的咬合力和摩擦力大，堆砌体的整体稳定性好，整体刚度大，具有较强的承载能力和传递上覆岩层破断运动压力的能力，因此支架的工作阻力总体相对较大。

1.2.4.4 综放开采顶煤冒放性评价研究现状

对于特定的煤层综放开采能否成功很大程度上取决于回收率的高低，因此，应用综放开采时首先要评价煤层的冒放性。为了能够很好地评价顶煤的冒放性，研究人员对顶煤的冒放性评价做了大量研究。靳钟铭等运用分形几何测定、现场统计、相似模拟等手段对综放开采顶煤冒放性进行了分类研究，将综放开采顶煤冒放性划分为五类；陈忠辉等运用损伤力学的基本概念阐述了顶煤损伤和冒放性之间的关系，建立了操作参量的计算模型，把顶煤损伤参量作为顶煤冒放性指标加以研究；综放开采中，顶煤冒放性影响因素很多，影响情况复杂，评价顶煤冒放性时因素的取舍、指标的取值等没有明确的界限，具有很强的模糊性。北京开采所根据这个原理提出了运用模糊聚类分析法评价顶煤冒放性的研究办法。顶煤冒放性可以分为以下几类：

Ⅰ类：冒放性极好。这类顶煤主要是预防架前漏顶，只要选择有利于控制梁端漏冒的架。

Ⅱ类：冒放性好。这类顶煤既有一定的稳定性，又有较适宜的冒落块度。

Ⅲ类：冒放性中等。这类顶煤需要优化参数，选择适宜的架型，可以达到较好的放煤效果。

Ⅳ类：冒放性较差。这类顶煤需要采取专门的顶煤或顶板处理措施来提高冒放性。

Ⅴ类：冒放性极差。采取顶煤弱化措施也不能达到理想冒放性。下面分别阐述这几种冒放性分类方法。

1. 用顶煤冒放性破坏系数进行分类

分析顶煤冒放性可以用顶煤破坏系数 Y、Z 和比较直观的顶煤回收率，即

$$Z = \frac{\sigma_1}{R_c + \frac{1 + \sin\varphi}{1 - \sin\varphi}\sigma_3} \qquad Y = \frac{\sum\limits_{i=1}^{n} Z_i A_i}{\sum\limits_{i=1}^{n} A_i}$$

根据顶煤破坏系数和顶煤回收率可将顶煤冒放性分为五类（表 1-3）。

表 1-3　顶煤冒放性分类

类别	冒放程度	Y 值	放出率 $K/\%$
Ⅰ	极好	> 0.9	> 80

表1-3（续）

类别	冒放程度	Y 值	放出率 $K/\%$
Ⅱ	好	0.8~0.9	65~80
Ⅲ	中等	0.7~0.8	50~65
Ⅳ	较差	0.6~0.7	30~50
Ⅴ	极差	<0.6	<30

2. 顶煤冒放性的模糊数学综合评价方法

顶煤冒放性受多种地质因素的影响，而且这些因素在一定意义上都具有不确定性，即模糊性，用模糊数学正是解决这种问题的最好方法。模糊分类中应考虑的主要因素有：开采深度 H、煤的单轴抗压强度 R_c、夹石层厚度 M_j、煤层厚度 M、裂隙发育程度 N_D 和直接顶的充满系数 K 等。

设顶煤冒放性分类的评定因素集为

$$U = \{U_1, U_2, U_3, U_4, U_5, U_6\} = \{H, R_c, M_j, M, N_D, K\}$$

再设顶煤冒放性的类别集为

$$V = \{V_1, V_2, V_3, V_4, V_5\} = \{Ⅰ, Ⅱ, Ⅲ, Ⅳ, Ⅴ\}$$

把系 i 个因素的评价 $R_i = (r_{i1}, r_{i2}, r_{i3}, r_{i4}, r_{i5})$ 看作 V 上的模糊子集，其中 r_{ik} 表示从第 i 个因素着眼，被评价对象隶属于第 k 个类别的程度，$0 \leqslant m_{ik} \leqslant 1$，则评价矩阵为

$$\overline{R} = \begin{bmatrix} r_{11} & r_{12} & \cdots & r_{1m} \\ r_{21} & r_{22} & \cdots & r_{2m} \\ \vdots & \vdots & & \vdots \\ r_{n1} & r_{n2} & \cdots & r_{nm} \end{bmatrix}$$

对于本研究，$m=5$，$n=6$。

对于上述 6 个因素进行总的权衡，即分别单独考虑这些评定因素对冒放性类别所起作用的大小，这个问题用模糊子集 A 来表示：

$$\overline{A} = A_1/H + A_2/R_c + A_3/M_j + A_4/M + A_5/ND + A_6/K$$

其中 $0 < A_i < 1$，$\Sigma A_i = 1$ 称 A_i 为相应因素在分类中的权重，即权值的模糊向量为

$$\overline{A} = (A_1, A_2, A_3, A_4, A_5, A_6)$$

按模糊线性加权变换方法，可得：$\overline{B} = \overline{A} \times \overline{R}$。

最后得出综合评价所得分为

$$\overline{S} = \overline{B}'\overline{C}^T = (b_1', \ b_2', \ b_3', \ b_4', \ b_5')(C_{\text{I}}, \ C_{\text{II}}, \ C_{\text{III}}, \ C_{\text{IV}}, \ C_{\text{V}})$$

用模糊数学综合评价方法（$\overline{S}$）分类的标准见表 1-4。

表 1-4　用模糊数学综合评价方法分类的标准

类别	I	II	III	IV	V
$\overline{S}$	>80	65~80	50~65	40~50	<40

1.2.4.5 难冒煤层冒放性优化技术

提高难冒煤层顶煤冒放性主要有以下几种技术措施，一是爆破，爆破又分为深孔爆破和架前爆破，深孔爆破又分为两巷深孔爆破和工艺巷深孔爆破，如下沟矿和鹤壁矿务局三矿采用架前爆破，鲍店煤矿和华亭煤矿采用两巷深孔爆破，忻州窑矿采用工艺巷深孔爆破；二是注水软化，如下石节 209 综放工作面、鹤壁矿务局三矿 2119 工作面就是采用注水软化；三是两者结合。下面分析各种顶煤弱化方式的不同特点并介绍其实例。

1. 架前爆破

架前爆破是在支架前梁与煤壁间或支架与支架间向顶煤中打孔爆破，沿工作面倾向每隔一定距离布置一个或一组炮孔，一般情况下，为防止切顶现象出现，炮孔应偏向采空区一侧，架前爆破如图 1-6 所示，架前爆破有以下特点：

图 1-6　架前爆破

（1）节省投资。不必另开工艺巷和增大巷道断面。

（2）爆破效果直接有效，因为架前爆破存在一个靠近采空区的自由面。

（3）有可能对综放支架产生一些损伤，需采取有效的辅助保护措施。

（4）影响机采作业时间，容易造成生产和检修时间冲突等新的矛盾。

彬县下沟矿根据自身的条件和架前爆破的优点，ZF1802工作面采用了此种顶煤弱化方式改善顶煤的冒放性，效果比较理想。彬县下沟矿 ZF1802 工作面采用综放开采，工作面长 90 m，推进距离 1050 m，共布置了 ZF4600/17/28H 反四连杆大插低位放顶煤支架 61 架，采高 2.5~2.7 m。

考虑到工作面较短及工作面两端顶煤受两巷固定帮的影响冒放性差，设计在工作面两端第 2~11 架、51~59 架按 1.5 m 间距打孔，即每架打一个孔；第 13~49 架按 3.0 m 间距打孔，即每隔两架打一眼，打眼位置为支架前探梁梁窝处。彬县下沟矿架前爆破参数见表 1-5。

表 1-5　彬县下沟矿架前爆破参数

项目	数据	项目	数据
孔深/m	7.5	封泥长度/m	1.5
炮眼角度/(°)	75	装药方式	正向装药
孔径/mm	42	不耦合系数	1

在采用架前爆破顶煤弱化方式后，顶煤冒放性有了很好的改善，ZF1802 工作面的采出率达到了 80% 左右。

2. 两巷深孔爆破

两巷深孔爆破是在工作面的回风巷和运输巷向顶煤中打孔爆破，通常，炮孔的长度较长。两巷深孔爆破具有以下特点：

（1）超前爆破，不占用检修和生产时间，可提前完成爆破作业。

（2）对两巷的维护有一定的影响，必要时要做爆破硐室。

（3）与架前爆破相比，效果不甚明显。

兖州矿务局鲍店煤矿 1310 综放面走向长度 1028 m，倾向长 198 m，煤层厚度 8.2~9.5 m。工作面采用综采放顶煤一次采全高采煤方式，采放比 1:2，煤层稳定，结构简单，煤层的普氏系数 $f=3.1~3.9$，煤层倾角 4°~13°。

因采用综采放顶煤一次采全高的采煤方式，此煤层的顶煤冒放性不好，因此需人为弱化顶煤改善其冒放性,根据此工作面的长度和两巷深孔爆破的优点,最终选用了两巷深孔爆破作为此工作面的顶煤弱化方式。采煤工作面在正常生产时,由于运输巷有带式输送机运输系统,因此进行爆破工作不方便,只在轨道巷进行深孔爆破。

轨道巷爆破方法为:超前工作面 50 m 以外,分别向煤层顶煤中打控制孔和爆破孔,采用单排孔、长短结合交错布置的布孔方式,即爆破孔布距为 16 m,爆破孔与控制孔间距为 8 m,长短孔布距为 4 m,其具体参数见表 1-6,钻孔布置如图 1-7 所示。

表 1-6　鲍店煤矿两巷深孔爆破炮孔设计参数

参　数		孔深/ m	孔径/ mm	角度/ (°)	孔间距/ m	封孔长度/ m	装药长度/ m	装药量/ kg
轨道巷	第一组 爆破孔	50	75	14	8	17.5	32.5	114
	第一组 控制孔	50	90	14		—	—	—
	第二组 爆破孔	100	75	10	8	34	66	231
	第二组 控制孔	100	90	10		—	—	—

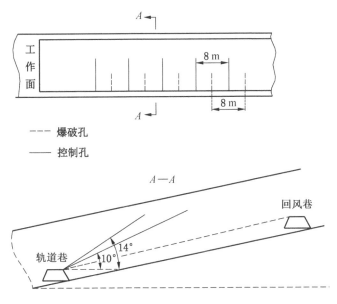

--- 爆破孔

—— 控制孔

图 1-7　鲍店煤矿两巷深孔爆破炮孔布置图

顶煤经两巷深孔爆破后，顶煤冒放性较之前有很大的改善，工作面采出率达到了80%。

3. 工艺巷深孔爆破

顶煤工艺巷深孔爆破是在顶煤中布置一条或两条工艺巷，在工艺巷中向顶煤打孔爆破，此顶煤弱化方式中炮孔的长度较长。工艺巷深孔爆破具有以下特点：

（1）由于是超前爆破，充分利用了爆破弱化后支承压力可再压裂的破碎过程，达到了降低块度、提高顶煤采出率的目的。

（2）克服了以上两种爆破方法的缺点，既不影响底层煤机采作业，也不会对支架造成威胁。

（3）增加了顶煤中巷道掘进工程量。

大同忻州窑矿主采煤层为11~12号合并层，8916工作面采用综采放顶煤一次采全高工艺，工作面长度为135 m，为了提高工作面采出率，在距顶板1.2 m的顶煤中掘两条工艺巷，并在工艺巷中打孔爆破。

在采用工艺巷爆破后，与不进行爆破处理相比，工作面顶煤采出率有了大幅度提高，平均顶煤采出率达到了65.8%，工作面采出率达到了77.4%。

但是，近年来，受爆破技术的局限和我国火工品使用管控的影响，爆破技术已经无法满足综放工作面顶煤弱化的需求。

1.3　主要研究内容与目标

1. 主要研究内容

针对上述问题，根据综放工作面特厚难垮煤岩层控制特点，确定主要研究内容如下：

（1）特厚难垮煤岩层顶板岩层水力裂缝扩展机理研究，分析水力裂缝起裂的条件。

（2）采用数值模拟的方法，分析不同钻孔直径、压裂段长度等参数及存在原生裂隙条件下裂纹开启及扩展规律。

（3）特厚难垮煤岩层工作面水力压裂初次放顶技术参数及顶板垮落效果分析。

（4）特厚难垮煤岩层工作面水力压裂卸压技术参数及效果分析。

（5）特厚难垮煤岩层工作面坚硬顶煤水力压裂控制技术参数及效果分析。

（6）井下试验和推广应用。

2. 研究目标

（1）综放工作面特厚难垮煤岩层水力压裂控制技术。

（2）综放工作面初次放顶、顶煤压裂弱化、动压巷道应力控制水力压裂关键参数。

（3）官板乌素煤矿综采面特厚难垮煤岩层水力压裂工业性示范及效果评价。

2 水力压裂裂缝开启与扩展机理研究

2.1 概述

水力压裂起初作为有效的油气井增产措施，已在国内外广泛应用。为了提高低渗油气藏的产能，往往需要对钻井或钻孔进行水力压裂作业，比如，采用水平井分段压裂技术使页岩气得以成功开采。随后，有学者开展了水力压裂在其他领域的应用研究，将其应用于煤岩体的弱化或瓦斯的增透。可见，水力压裂的应用范围日趋广泛。

水力压裂开裂与扩展研究是进行煤矿顶板压裂设计与压裂作业的基础，开裂压力及开裂方向的确定是压裂设计最为重要的参数，裂缝扩展压力与方向则决定裂缝扩展的范围与压裂的效果。

因此，本章基于弹性理论和断裂理论，分别研究完整连续坚硬岩体的水力压裂开裂与扩展过程和含裂缝坚硬岩体的裂缝开启与扩展过程，从而确定水力压裂开裂与扩展压力及方向，并采用数值模拟的方法研究不同钻孔条件下钻孔段围岩应力分布特征及裂缝开启与扩展规律。

2.2 完整岩石水力压裂开裂与扩展分析

开裂与扩展是水力压裂过程中的核心环节，与水平孔或垂直孔水力压裂相比，任意方向钻孔水力压裂的开裂与扩展要更加复杂。在水力压裂过程中，开裂与扩展压力与方向的确定是压裂设计最为重要的参数。地应力场中岩体孔壁的水力压裂过程可分为孔壁破裂、第二次扩展和第三次扩展，不同的破裂阶段需要不同的压力。应力强度因子通常作为控制参量建立水力压裂的判据。通过煤岩模拟三轴压裂试验表明泵注流量越大，开裂所需压力也越大。此外，水力压裂钻孔也由传统的垂直孔向任意方向发展，倾斜钻孔周围水平应力在垂直方向上的分布关于孔的轴线是不对称的，由于在斜孔周围有剪应力和离面应力的作用，水力压裂开裂及裂缝扩展过程不同于垂直孔，水力压裂裂缝开启后与孔的轴线成一定角度，随后裂缝扩展方向发生旋转和扭曲，最终沿着与最小主应力垂直的方向扩展。沿着天然裂缝或"非优选方向"开裂，裂缝在扩展过程中往往发生旋转或扭转，分别如图 2-1、图 2-2 所示，裂缝面的旋转和扭转不仅使裂缝宽度减小，同时在孔周围产生多条裂缝，无法为油气开采形成有效通道，导致较高的扩展压力或压裂作业的失败。

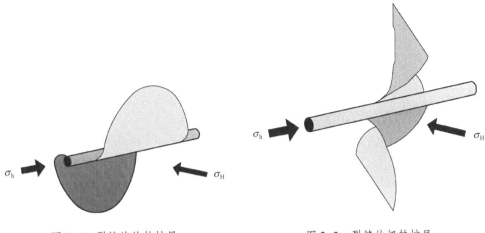

图 2-1　裂缝的旋转扩展　　　　　　图 2-2　裂缝的扭转扩展

　　项目研究中基于弹性理论，以任意方向钻孔周围的应力场为出发点，根据最大拉应力准则分析任意方向钻孔的开裂压力及开裂方向，得出了裂缝开启压力随钻孔参数（方位角、倾斜角）和地应力场类型的变化规律。

2.2.1　斜孔周围的应力状态

2.2.1.1　坐标系

　　斜孔周围的应力状态采用图 2-3 所示的坐标系进行描述。坐标系（1，2，3）的方向分别与主应力 σ_h、σ_H 和 σ_v 的方向一致；角度 θ_{Az} 和 θ_{Inc} 分别为孔轴线的方位角和倾斜角。为了便于描述孔周围的应力状态，建立局部直角坐标系（x，y，z），描述远场地应力，其中 x 轴的正向通过孔边最高点（The highest point）；采用柱坐标系（r，θ，z）描述孔周围的应力状态，其中 θ 为 x 轴沿 z 轴逆时针转过的角度，z 轴沿着孔的轴线方向。r_w 为孔的半径。

　　坐标系（1，2，3）和（x，y，z）之间的转化关系如图 2-3 所示：

　　（1）沿着 3 轴，逆时针旋转坐标系（1，2，3）θ_{Az} 角到坐标系（x_1，y_1，z_1）；

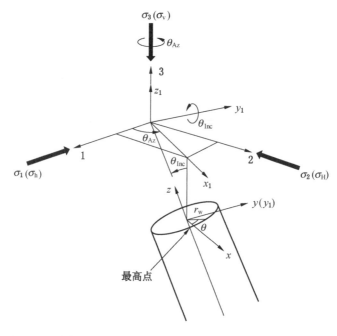

图2-3 坐标系（1，2，3）和（x，y，z）之间的转化关系图

（2）沿着 y_1 轴，顺时针旋转坐标系（x_1，y_1，z_1）θ_{Inc} 角到坐标系（x，y，z）。

通过上述旋转顺序，x 轴总是通过孔边最高点。因此，坐标系（1，2，3）和（x，y，z）之间的转化关系为

$$\begin{bmatrix} x \\ y \\ z \end{bmatrix} = \begin{bmatrix} \cos\theta_{Az}\cos\theta_{Inc} & \sin\theta_{Az}\cos\theta_{Inc} & \sin\theta_{Inc} \\ -\sin\theta_{Az} & \cos\theta_{Az} & 0 \\ -\cos\theta_{Az}\sin\theta_{Inc} & -\sin\theta_{Az}\sin\theta_{Inc} & \cos\theta_{Inc} \end{bmatrix} \begin{bmatrix} 1 \\ 2 \\ 3 \end{bmatrix} \qquad (2-1)$$

那么，局部坐标系（x，y，z）中的地应力分量可由远场地应力分量（σ_h，σ_H，σ_v）描述：

$$\sigma_{ij} = A_{im}A_{jn}\sigma_{mn} \qquad (2-2)$$

式中，i，$j = x$，y，z；m，$n = 1$，2，3；A_{im}、A_{jn} 分别为式（2-1）中变换系数矩阵中的对应元素。

根据式（2-1）、式（2-2）可得由远场地应力分量表示的（x，y，z）坐标系中的应力分量：

$$
\begin{bmatrix} \sigma_x \\ \sigma_y \\ \sigma_z \\ \sigma_{xy} \\ \sigma_{yz} \\ \sigma_{zx} \end{bmatrix} = \begin{bmatrix} \cos^2\theta_{Az}\cos^2\theta_{Inc} & \sin^2\theta_{Az}\cos^2\theta_{Inc} & \sin^2\theta_{Inc} \\ \sin^2\theta_{Az} & \cos^2\theta_{Az} & 0 \\ \cos^2\theta_{Az}\sin^2\theta_{Inc} & \sin^2\theta_{Az}\sin^2\theta_{Inc} & \cos^2\theta_{Inc} \\ -\sin\theta_{Az}\cos\theta_{Az}\cos\theta_{Inc} & \sin\theta_{Az}\cos\theta_{Az}\cos\theta_{Inc} & 0 \\ \sin\theta_{Az}\cos\theta_{Az}\sin\theta_{Inc} & -\sin\theta_{Az}\cos\theta_{Az}\sin\theta_{Inc} & 0 \\ -\cos^2\theta_{Az}\sin\theta_{Inc}\cos\theta_{Inc} & -\sin^2\theta_{Az}\sin\theta_{Inc}\cos\theta_{Inc} & \sin\theta_{Inc}\cos\theta_{Inc} \end{bmatrix} \begin{bmatrix} \sigma_h \\ \sigma_H \\ \sigma_v \end{bmatrix}
$$

$$(2-3)$$

2.2.1.2 斜孔周围的应力

斜孔周围的岩石可看作线性的、均匀的各向同性材料。因此，可用叠加法获得斜孔周围的应力分布情况。假定受压应力为正。

根据弹性理论，孔内液体压力 p 和远场离面内应力（σ_x，σ_y，σ_{xy}）在孔周围引起的应力，在柱坐标系（r，θ，z）中可表示为

$$
\begin{bmatrix} \sigma_r \\ \sigma_\theta \\ \sigma_{r\theta} \end{bmatrix} = \begin{bmatrix} a_{11} & a_{12} & a_{13} & a_{14} \\ a_{21} & a_{22} & a_{23} & a_{24} \\ a_{31} & a_{32} & a_{33} & a_{34} \end{bmatrix} \begin{bmatrix} p \\ \sigma_x \\ \sigma_y \\ \sigma_{xy} \end{bmatrix}
$$

$$(2-4)$$

式中：

$$a_{11} = -b^2$$

$$a_{12} = \frac{1}{2}\left[1 - b^2 + (1 - 4b^2 + 3b^4)\cos2\theta\right]$$

$$a_{13} = \frac{1}{2}\left[1 - b^2 - (1 - 4b^2 + 3b^4)\cos2\theta\right]$$

$$a_{14} = (1 - 4b^2 + 3b^4)\sin2\theta, \quad a_{21} = b^2$$

$$a_{22} = \frac{1}{2}\left[1 + b^2 - (1 + 3b^4)\cos2\theta\right]$$

$$a_{23} = \frac{1}{2}\left[1 + b^2 + (1 + 3b^4)\cos2\theta\right]$$

$$a_{24} = -(1 + 3b^4)\sin2\theta, \quad a_{31} = 0$$

$$a_{32} = -\frac{1}{2}(1 + 2b^2 - 3b^4)\sin2\theta$$

$$a_{33} = \frac{1}{2}(1 + 2b^2 - 3b^4)\sin2\theta$$

$$a_{34} = (1 + 2b^2 - 3b^4)\cos2\theta$$

$$b = \frac{r_w}{r}$$

远场离面应力 $(\sigma_z,\ \sigma_{xz},\ \sigma_{yz})$ 在孔周围引起的应力，在柱坐标系 $(r,\ \theta,\ z)$ 中可分别表示如下：

在孔的轴线方向满足平面应变条件时，可得：

$$\sigma_z = \sigma_z^\infty - v[2(\sigma_x - \sigma_y)b^2\cos2\theta + 4\sigma_{xy}b^2\sin2\theta] \tag{2-5}$$

式中　　 v——泊松比；

σ_z^∞——$(x,\ y,\ z)$ 坐标系下的远场应力 σ_z。

采用 Hashin 和 Rosen 给出的方法，离面应力 σ_{xz}，σ_{yz} 在孔周围引起的应力为

$$\begin{bmatrix} \sigma_{rz} \\ \sigma_{\theta z} \end{bmatrix} = \begin{bmatrix} (1 - b^2)\cos\theta & (1 - b^2)\sin\theta \\ -(1 + b^2)\sin\theta & (1 + b^2)\cos\theta \end{bmatrix} \begin{bmatrix} \sigma_{xz} \\ \sigma_{yz} \end{bmatrix} \tag{2-6}$$

式（2-4）~式（2-6）即为远场地应力和孔内液体压力引起的由柱坐标表示的孔边应力。

2.2.1.3　孔壁应力

在式（2-4）~式（2-6）中，$r=r_w$ 时，可得孔壁应力分布为

$$\sigma_r = p$$

$$\sigma_\theta = \sigma_x(1 - 2\cos2\theta) + \sigma_y(1 + 2\cos2\theta) - 4\sigma_{xy}\sin2\theta$$

$$\sigma_z = \sigma_z^\infty - v[2(\sigma_x - \sigma_y)\cos2\theta + 4\sigma_{xy}\sin2\theta]$$

$$\sigma_{r\theta} = 0$$

$$\sigma_{rz} = 0$$

$$\sigma_{\theta z} = -2\sigma_{xz}\sin\theta + 2\sigma_{yz}\cos\theta \tag{2-7}$$

2.2.2　孔壁开裂分析

2.2.2.1　开裂准则

在水力压裂过程中，当液体压力超过孔壁处岩石开裂所需应力时，孔壁处开始产生裂缝。因此，裂缝的产生与液体压力、岩层的力学性质、地应力场和钻孔方向有关。地应力场类型是影响裂缝开启的关键因素，根据地应力场三个主应力 σ_h、σ_H 和 σ_v 的相对大小，将地应力场分为三种类型：垂直应力主导型，即 $\sigma_v > \sigma_H > \sigma_h$，记为 σ_{vHh} 型地应力场；单水平应力主导型，即 $\sigma_H > \sigma_v > \sigma_h$，记为 σ_{Hvh} 型地应

力场；双水平应力主导型，即 $\sigma_H > \sigma_h > \sigma_v$。记为 σ_{Hhv} 型地应力场。

Hubbert 和 Willis 首先提出了垂直孔产生纵向裂缝的开裂准则，钻孔的破裂压力与水平主应力、岩石的抗拉强度和孔隙压力有关，与钻孔尺寸、岩石的弹性参数及垂直主应力无关。随后，Haimson 和 Fairhurst 通过试验证实了孔隙率和空隙流体对钻孔开裂压力的影响，Schmidt 和 Zoback 改进了 Hubbert 和 Willis 准则，考虑了孔隙率及泊松比对开裂压力的影响，提出了渗透岩层和非渗透岩层的开裂准则。

孔壁最大拉应力位于与孔壁相切的 $\theta\text{-}z$ 平面内，如图 2-4 所示。最大环向主应力可表示为

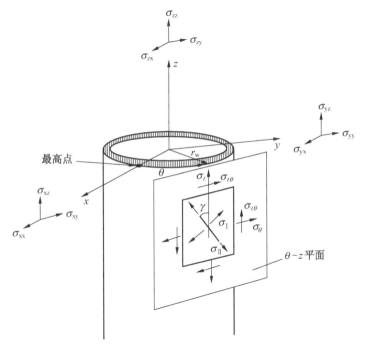

图 2-4　直角坐标系下孔边应力场

$$\sigma_{max} = \frac{\sigma_\theta + \sigma_z}{2} - \sqrt{\left(\frac{\sigma_\theta - \sigma_z}{2}\right)^2 + \sigma_{\theta z}{}^2} \qquad (2\text{-}8)$$

由孔壁应力状态可知，σ_θ 是液体压力 p 的函数。因此，σ_{max} 是 p 的函数。在孔壁圆周方向上，随着角度 θ 的变化，σ_{max} 是变化的。当液体压力 p 逐渐增大到一定值，在孔壁 θ_f 处开始产生裂缝，θ_f 处 σ_{max} 达到最大。

根据最大拉应力准则：当孔壁处最大拉应力达到岩石抗拉强度 σ_t 时，裂缝

在孔壁处开裂。即：

$$\sigma_{\max} = \sigma_t \tag{2-9}$$

裂缝开启位置 θ_f，可由下式确定：

$$\frac{\mathrm{d}\sigma_{\max}}{\mathrm{d}\theta} = 0 \tag{2-10}$$

$$\frac{\mathrm{d}^2\sigma_{\max}}{\mathrm{d}\theta^2} > 0 \tag{2-11}$$

利用满足式（2-10）、式（2-11）的 θ_f，由式（2-12）可计算孔壁裂缝开启压力 p_b。

M. M. Hossain 和 M. K. Rahman 指出：岩石抗拉强度的增大会增大钻孔开裂压力，孔隙压力的增大则会减小钻孔开裂压力，通过假设岩石抗拉强度 $\sigma_t = 0$ 和孔隙压力 $p_0 = 0$，在一定程度上可以平衡两者对开裂压力的影响，从而给出开裂条件：

$$p_b = (\sigma_x + \sigma_y) - 2(\sigma_x - \sigma_y)\cos 2\theta_f - 4\sigma_{xy}\sin 2\theta_f - \frac{\sigma_{\theta z}^2}{\sigma_z} \tag{2-12}$$

式中，$\sigma_{\theta z}$ 和 σ_z 分别为 $\theta = \theta_f$ 处的应力值。

在 $\theta - z$ 平面内，根据 θ_f 和 p_b。裂缝方向角 γ（图 2-4），可由下式确定：

$$\gamma = \frac{1}{2}\tan^{-1}\left(\frac{2\sigma_{\theta z}}{\sigma_\theta - \sigma_z}\right) \tag{2-13}$$

根据 $\sigma_{\theta z}$ 和 $(\sigma_\theta - \sigma_z)$ 的正负情况，Jinsong Huang 给出了 γ 的取值范围（表 2-1）。

表 2-1 γ 取值范围的确定

应力条件	γ	应力条件	γ
$\sigma_{\theta z}>0,\ \sigma_\theta<\sigma_z$	$0°<\gamma<45°$	$\sigma_{\theta z}<0,\ \sigma_\theta>\sigma_z$	$-90°<\gamma<-45°$
$\sigma_{\theta z}<0,\ \sigma_\theta<\sigma_z$	$-45°<\gamma<0°$	$\sigma_{\theta z}=0,\ \sigma_\theta<\sigma_z$	$\gamma=0°$
$\sigma_{\theta z}>0,\ \sigma_\theta>\sigma_z$	$45°<\gamma<90°$	$\sigma_{\theta z}=0,\ \sigma_\theta>\sigma_z$	$\gamma=90°$

2.2.2.2 压裂参数分析

针对三种地应力场类型（σ_{vHh} 型地应力场，σ_{Hvh} 型地应力场，σ_{Hhv} 型地应力场），Jinsong Huang 等假定 $\nu = 0$、$\sigma_t = 0$，给出了裂缝开启压力、裂缝方向和裂缝位置的数值解。当在地层浅部进行水力压裂时，由于岩石的抗拉强度与地应力大小较为接近，岩石的抗拉强度对裂缝开启有一定影响。

在现有研究基础上，并为了便于比较，假定较小的岩石强度 $\sigma_t/\sigma_v = 0.05$，泊松比 $\nu = 0.2$。根据式（2-3）和式（2-7）~式（2-12），描述开裂压力 p_b 随钻孔方位角 θ_{Az} 和钻孔倾斜角 θ_{Inc} 的变化规律。

利用垂直主应力 σ_v 对 p_b 进行归一化处理，由比值 σ_H/σ_v 和 σ_H/σ_h 的相对大小定义地应力场类型。因此，对于不同应力场类型和钻孔参数，无量纲化的裂缝开启压力 p_b/σ_v 的变化规律如下。

（1）方位角 $\theta_{Az} = 0°$，钻孔倾斜角 θ_{Inc} 从 0° 旋转至 90°，即钻孔由垂直孔旋转为水平孔，图 2-3 中，钻孔在 1-3 平面内旋转。$\sigma_H/\sigma_v = 0.25$、0.75、1.5 和 2.5 时，p_b/σ_v 的变化规律如图 2-5~图 2-8 所示。

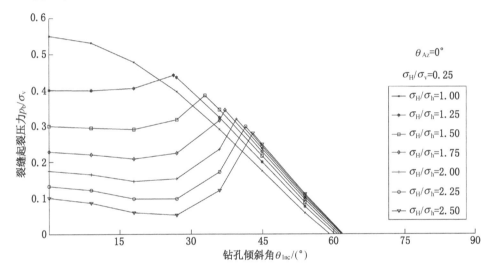

图 2-5 σ_{vHh} 型地应力场（$\sigma_H/\sigma_v = 0.25$），方位角 $\theta_{Az} = 0°$ 时，
开裂压力（p_b/σ_v）随倾角 θ_{Inc} 的变化规律

由图 2-5~图 2-8 可以看出，当 $\sigma_H/\sigma_h = 1.0$ 时，压力（p_b/σ_v）均随倾角 θ_{Inc} 呈递减趋势，即钻孔从垂直方向逐渐旋转至水平方向时，所需开裂压力不断减小；对于 σ_{vHh} 型地应力场（$\sigma_v > \sigma_H > \sigma_h$），由图 2-5 和图 2-6 可知，压力（$p_b/\sigma_v$）随倾角 θ_{Inc} 呈先增大后减小的趋势，即钻孔在旋转过程中，开裂压力经历最大值；对于 σ_{Hvh} 型地应力场（$\sigma_H > \sigma_v > \sigma_h$），图 2-7（$\sigma_H/\sigma_h = 1.75$、2.0、2.25、2.5）压力（$p_b/\sigma_v$）呈现递增趋势，即钻孔由垂直孔转向水平孔的过程

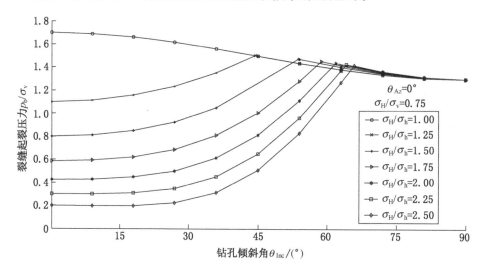

图 2-6　σ_{vHh} 型地应力场（$\sigma_H/\sigma_v=0.75$），方位角 $\theta_{Az}=0°$ 时，
开裂压力（p_b/σ_v）随倾角 θ_{Inc} 的变化规律

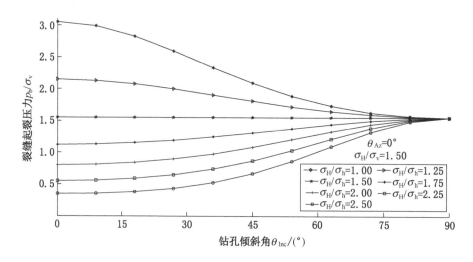

图 2-7　σ_{Hvh} 和 σ_{Hhv} 型地应力场，方位角 $\theta_{Az}=0°$ 时，
开裂压力（p_b/σ_v）随倾角 θ_{Inc} 的变化规律

中，裂缝开启所需压力逐渐增大；对于 σ_{Hhv} 型地应力场（$\sigma_H>\sigma_h>\sigma_v$），由图 2-7（$\sigma_H/\sigma_h=1.0$、$1.25$）和图 2-8 可知，随着钻孔由垂直孔转向水平孔，裂缝

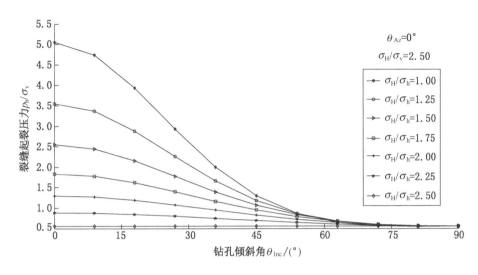

图 2-8 σ_{Hhv} 型地应力场, 方位角 $\theta_{Az}=0°$ 时, 开裂压力 (p_b/σ_v) 随倾角 θ_{Inc} 的变化规律

开启所需压力逐渐减小。钻孔倾角逐渐接近于水平方向时, 开裂压力有收敛于一定值的趋势; 对于三种类型的应力场 (其中: σ_{vHh} 型地应力场为开裂压力达到最大值前), 随着 σ_H/σ_h 的增大, 裂缝开启所需压力均有减小趋势; 随着 σ_H/σ_v 的增大, 裂缝开启所需压力则有增大趋势。

(2) 当方位角 $\theta_{Az}=45°$, $\sigma_H/\sigma_v=0.25$、0.75、1.5 和 2.5 时, p_b/σ_v 的变化规律如图 2-9~图 2-12 所示。

类似地, $\sigma_H/\sigma_h=1.0$ 时, 在钻孔由垂直方向逐渐旋转至水平方向的过程中, 裂缝开启所需压力不断减小; 对于 σ_{vHh} 型地应力场 ($\sigma_v>\sigma_H>\sigma_h$), 由图 2-9 和图 2-10 可知, 压力 (p_b/σ_v) 随倾角 θ_{Inc} 呈减小的趋势; 对于 σ_{Hvh} 型地应力场 ($\sigma_H>\sigma_v>\sigma_h$), 由图 2-11 ($\sigma_H/\sigma_h=1.75$、2.0、2.25、2.5) 可知, 压力 ($p_b/\sigma_v$) 逐渐增大; 对于 σ_{Hhv} 型地应力场 ($\sigma_H>\sigma_h>\sigma_v$), 由图 2-11 ($\sigma_H/\sigma_h=1.25$) 和图 2-12 ($\sigma_H/\sigma_h=1.0$、1.25、1.5、1.75) 可知, 随着钻孔由垂直孔转向水平孔, 裂缝开启所需压力逐渐减小; 由图 2-12 ($\sigma_H/\sigma_h=2.0$、2.25、2.5) 可知, 裂缝开启所需压力则逐渐增大。随着 σ_H/σ_h 的增大, 对于 σ_{vHh} 型地应力场, 裂缝开启所需压力为减小趋势, 对于 σ_{Hvh} 和 σ_{Hhv} 型地应力场, 裂缝开启所需压力呈先减小后增大的趋势; 随着 σ_H/σ_v 的增大, 裂缝开启所需压力总体呈增大趋势。

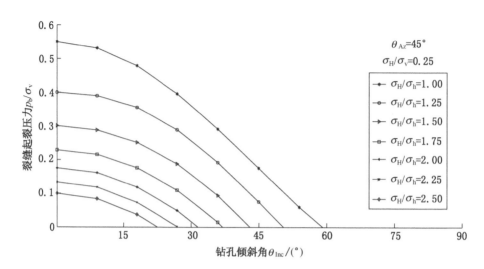

图 2-9 σ_{vHh} 型地应力场（$\sigma_H/\sigma_v = 0.25$），方位角 $\theta_{Az} = 45°$ 时，
开裂压力（p_b/σ_v）随倾角 θ_{Inc} 的变化规律

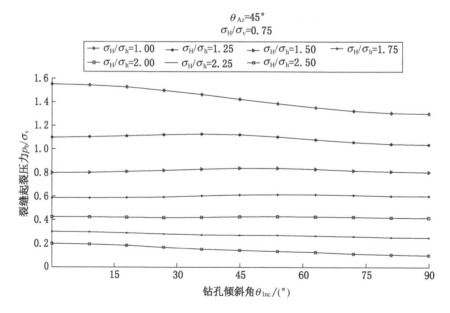

图 2-10 σ_{vHh} 型地应力场（$\sigma_H/\sigma_v = 0.75$），方位角 $\theta_{Az} = 45°$ 时，
开裂压力（p_b/σ_v）随倾角 θ_{Inc} 的变化规律

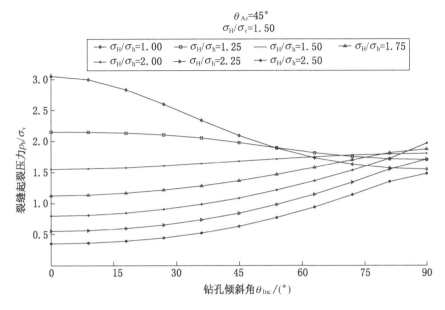

图 2-11 σ_{Hvh} 和 σ_{Hhv} 型地应力场，方位角 $\theta_{Az}=45°$ 时，
开裂压力（p_b/σ_v）随倾角 θ_{Inc} 的变化规律

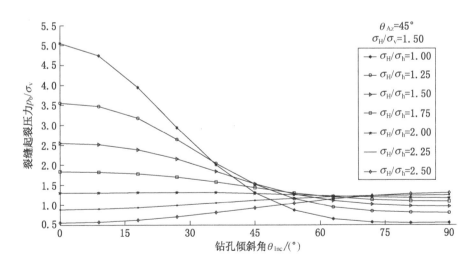

图 2-12 σ_{Hhv} 型地应力场，方位角 $\theta_{Az}=45°$ 时，
开裂压力（p_b/σ_v）随倾角 θ_{Inc} 的变化规律

（3）当方位角 $\theta_{Az}=90°$，$\sigma_H/\sigma_v=0.25$、0.75、1.5 和 2.5 时，p_b/σ_v 的变化规律如图 2-13~图 2-16 所示。

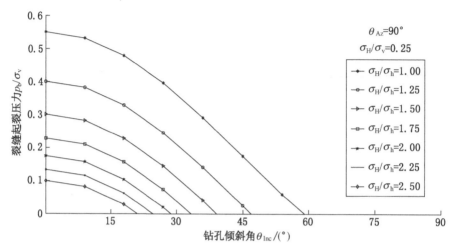

图 2-13　σ_{vHh} 型地应力场（$\sigma_H/\sigma_v=0.25$），方位角 $\theta_{Az}=90°$ 时，
开裂压力（p_b/σ_v）随倾角 θ_{Inc} 的变化规律

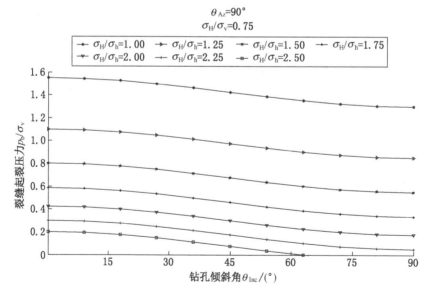

图 2-14　σ_{vHh} 型地应力场（$\sigma_H/\sigma_v=0.75$），方位角 $\theta_{Az}=90°$ 时，
开裂压力（p_b/σ_v）随倾角 θ_{Inc} 的变化规律

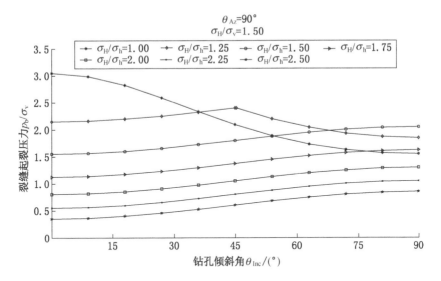

图 2-15 σ_{Hhv} 和 σ_{Hvh} 型地应力场，方位角 $\theta_{Az}=90°$ 时，
开裂压力（p_b/σ_v）随倾角 θ_{Inc} 的变化规律

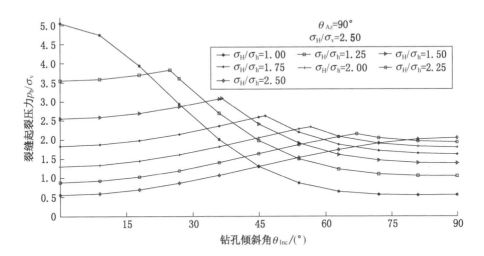

图 2-16 σ_{Hhv} 型地应力场，方位角 $\theta_{Az}=90°$ 时，开裂压力（p_b/σ_v）随倾角 θ_{Inc} 的变化规律

与前述情形类似，$\sigma_H/\sigma_h=1.0$ 时，在钻孔由垂直方向逐渐旋转至水平方向的过程中，裂缝开启所需压力不断减小；对于 σ_{vHh} 型地应力场（$\sigma_v>\sigma_H>\sigma_h$），

由图 2-13 和图 2-14 可知，压力（p_b/σ_v）随倾角 θ_{Inc} 呈减小的趋势；对于 σ_{Hvh} 型地应力场（$\sigma_H > \sigma_v > \sigma_h$），由图 2-15（$\sigma_H/\sigma_h = 1.75、2.0、2.25、2.5$）可知，压力（$p_b/\sigma_v$）呈逐渐增大趋势；对于 σ_{Hhv} 型地应力场（$\sigma_H > \sigma_h > \sigma_v$），由图 2-15（$\sigma_H/\sigma_h = 1.25$）和图 2-16（除 $\sigma_H/\sigma_h = 1.0$）可知，裂缝开启所需压力呈先增大后减小的趋势，钻孔旋转过程中，开裂压力经历最大值。随着 σ_H/σ_h 的增大，对于 σ_{vHh} 型地应力场，裂缝开启所需压力为减小趋势，对于 σ_{Hvh} 和 σ_{Hhv} 型地应力场，裂缝开启所需压力呈先减小后增大的趋势；随着 σ_H/σ_v 的增大，裂缝开启所需压力总体呈增大趋势。

（4）倾斜角 $\theta_{Inc} = 90°$，钻孔为水平孔。钻孔方位角 θ_{Az} 从 0° 旋转至 90°，即钻孔轴线从 σ_h 方向转至 σ_H 方向，图 2-3 中，钻孔在 1-2 平面内旋转。$\sigma_H/\sigma_v = 0.5$ 和 1.5 时，p_b/σ_v 的变化规律如图 2-17~图 2-19 所示。

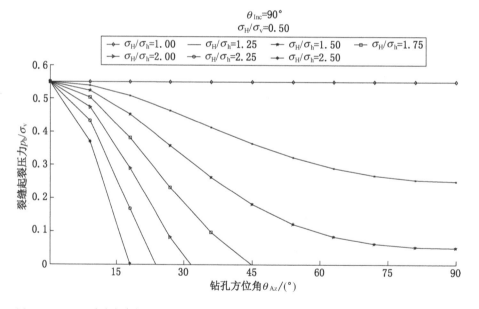

图 2-17 σ_{vHh} 型地应力场（$\sigma_H/\sigma_v = 0.5$），开裂压力（p_b/σ_v）随方位角 θ_{Az} 的变化规律

可以看出，$\sigma_H/\sigma_h = 1.0$ 时，水平孔由 σ_h 方向逐渐旋转至 σ_H 方向的过程中，裂缝开启压力保持不变；对于 σ_{vHh} 型地应力场（$\sigma_v > \sigma_H > \sigma_h$），由图 2-17 可知，压力（$p_b/\sigma_v$）随方位角 θ_{Az} 呈减小的趋势；对于 σ_{Hvh} 型地应力场（$\sigma_H > \sigma_v > \sigma_h$），由图 2-18（$\sigma_H/\sigma_h = 1.75、2.0、2.25、2.5$）可知，压力（$p_b/\sigma_v$）呈先

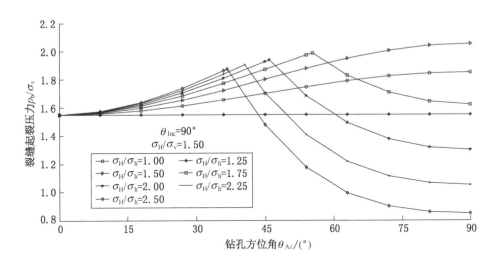

图2-18 σ_{Hhv} 和 σ_{Hvh} 型地应力场，开裂压力（p_b/σ_v）随方位角 θ_{Az} 的变化规律

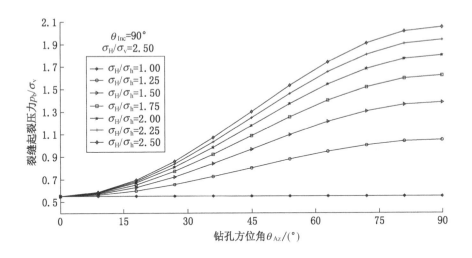

图2-19 σ_{Hhv} 型地应力场，开裂压力（p_b/σ_v）随方位角 θ_{Az} 的变化规律

增大后减小的趋势；对于 σ_{Hhv} 型地应力场（$\sigma_H > \sigma_h > \sigma_v$），由图2-18（$\sigma_H/\sigma_h$ = 1.25）和图2-19（除曲线 σ_H/σ_h = 1.0）可知，裂缝开启压力随方位角 θ_{Az} 单调增加。

2.2.2.3 结果分析

钻孔由垂直方向转向水平方向的过程中，对于 σ_{vHh} 型地应力场，裂缝开启压力随着方位角逐渐增大而减小，对于 σ_{Hvh} 型地应力场，开裂压力呈逐渐增大趋势，针对 σ_{Hhv} 型地应力场，随着方位角的逐渐增大，裂缝开启压力由减小趋势逐渐变为先增后减趋势，针对三种类型应力场，随着 σ_H / σ_h 的增大，裂缝开启压力均有减小趋势，随着 σ_H / σ_v 的增大，裂缝开启压力则有增大趋势。

水平孔由 σ_h 方向逐渐旋转至 σ_H 方向的过程中，$\sigma_H / \sigma_h = 1.0$ 时，裂缝开启压力保持不变；对于 σ_{vHh} 型地应力场，开裂压力随方位角呈减小的趋势，钻孔沿 σ_H 方向布置时开裂压力最小；对于 σ_{Hvh} 型地应力场，开裂压力呈先增大后减小的趋势；对于 σ_{Hhv} 型地应力场，裂缝开启压力随方位角单调增加，钻孔沿 σ_h 方向布置时开裂压力最小。

$\sigma_H / \sigma_h = 1.0$ 时，钻孔由垂直方向逐渐旋转至水平方向的过程中，裂缝开启所需压力均不断减小，水平孔在旋转过程中，开裂压力保持不变。

综合上述结果与分析可得，选择最优钻孔参数（θ_{Az} 和 θ_{Inc}），可使裂缝开启所需压力为最小值；当应力场给定，比较主应力值的相对大小，便可确定其应力场类型，进而通过图 2-5~图 2-19 确定钻孔倾斜角和方位角，使裂缝开启压力为最小。

2.3 含裂缝岩体水力压裂分析

含裂缝脆性岩体是水利、矿山等岩体工程中经常遇到的一类岩体。大多岩体受压且处于复杂应力状态，往往表现为含 I-II 型复合裂缝岩体的变形特征。针对受压脆性岩石裂缝的开裂，一直是工程界和理论界十分关注的问题，众多国内外学者展开了大量的理论与实验研究，建立了双压条件下脆性岩石椭圆形裂缝开启及扩展的应力准则，提出了适用于裂缝表面自由或受载条件下的应力函数，利用边界配位法计算了在压缩载荷下岩石内部裂缝的应力强度因子。有学者对多裂缝类岩石材料模型进行了双压试验，并用最大周向拉应力 $\sigma_{\theta max}$ 及最大周向拉应变 $\varepsilon_{\theta max}$ 断裂准则对单个裂缝进行了分析，所得结果与实验值相符；也有学者在最大切向应力断裂准则中引入 T-stress 项，建立了广义最大切向应力（Generalized Maximum Tangential Stress-GMTS）断裂准则，利用该准则对 I-II 复合型裂缝的开裂进行了预测，并进行相关试验，对带有中心裂缝的巴西圆盘和带有边裂缝的半圆盘分别施加径向载荷和三点弯载荷，使用高倍光学显微镜对裂缝开启角进行了测量，所得结果与 GMTS 准则预测值具有很好的一致性。上述研究有力地推动了脆性岩石复合型裂缝的研究，为进一步研究受压脆性岩石裂缝的水力压裂 (Hydraulic Fracturing) 提供了理论与实验基础。

基于不同的工程背景，国内外学者对水力压裂的机理及其应用展开了广泛的研究。M. A. KAYUPOV 等利用单向受压、双塞单侧封孔的立方体花岗岩试件进行了水力压裂试验，并用双重边界元方法进行了数值模拟，数值分析结合试验观察揭示出试件的破坏是由孔壁周围原生微裂缝的扩展引起的；有学者针对不同尺寸以及承受不同约束及载荷的岩石试件进行了水力压裂试验，研究了裂缝的扩展情况，得到了一些有益的结论；李术才使用相似材料模拟了岩体工程中裂隙不含水、含有压水和水力压裂的破坏过程，并用 CT 进行了实时监测，表明三种条件下岩体的破坏形式各不相同，在分析岩体结构时需考虑水的赋存状态对其影响；张敦福和朱维申进行了围压和裂隙水压力共同作用下岩石中椭圆裂缝的开裂研究，认为开裂点、开裂角、最大切向拉应力和临界载荷随椭圆的纵横轴比和裂缝倾角的不同而变化；Zhang Guang Qing 和 Chen Mian 基于裂缝扩展准则 $K_I \geqslant K_{IC}$，$K_{II} \geqslant K_{IIC}$ 及最大切向应力准则，建立了水力压裂过程中重张裂缝扩展模型，认为应力差和初始开裂角是裂缝扩展路径不断变化的主要因素。

上述研究为开展水力作用下坚硬脆性岩石裂缝开启的研究提供了理论基础。书中运用最大周向拉应变 $\varepsilon_{\theta max}$ 断裂准则，建立了裂缝开启扩展方向及开裂条件，以期为定量分析此类问题提供理论依据。

2.3.1　力学模型

针对坚硬难垮顶板条件下含裂缝岩体的水力压裂问题，引入以下几点假设：

（1）所研究岩石材料为脆性材料，可认为是线弹性的，可用线弹性断裂力学的相关理论进行研究。

（2）认为岩石材料是各向同性的。

（3）裂缝的开裂过程为准静态、等温过程。

（4）将所研究裂缝视为理想裂缝，并且裂缝尺寸远小于岩体尺寸，忽略有限尺寸对计算结果的影响，认为岩体尺寸为无限大。

（5）不计体力。

基于以上假设，受压脆性岩Ⅰ-Ⅱ型复合裂缝水力压裂力学模型如图 2-20a 所示。无限大板内含有一条长度为 $2a$ 的穿透型斜裂缝，边缘受到均布双轴压力 σ_1 和 σ_3 的作用，在裂缝面上（$y = 0$，$|x| < a$）受常水压力 P 的作用，裂缝

方向和 σ_1 作用方向的夹角为 β（称为裂缝角）；分别建立直角坐标系 $x'Oy'$（x' 轴与 y' 轴分别与 σ_3 与 σ_1 作用方向平行）和裂缝直角坐标系 xOy（x 轴与裂缝方向平行，y 轴与裂缝中垂线重合），应力符号采用弹性力学惯例。

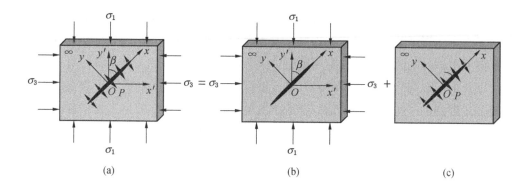

$$\text{(a)} \qquad \text{(b)} \qquad \text{(c)}$$

图 2-20 受压脆性岩石 Ⅰ-Ⅱ 型复合裂缝水力压裂力学模型及叠加原理的应用

如图 2-20 所示，板的边缘受均布双轴压力作用而裂缝表面受常水压力作用的裂缝问题（图 2-20a），可以转化为图 2-20b 与图 2-20c 的叠加。

对于图 2-20b，σ' 与 σ 为应力张量分别在坐标系 $x'Oy'$ 和坐标系 xOy 中的矩阵表示，通过坐标变换，可得

$$\sigma = \alpha\sigma'\alpha^T \tag{2-14}$$

其中：α 为坐标轴 x、y 与坐标轴 x'、y' 之间夹角的方向余弦；α^T 为其转置。

由式（2-14）可得其远场的应力状态为

$$\begin{cases} \sigma_x = -(\sigma_1\cos^2\beta + \sigma_3\sin^2\beta) \\ \sigma_y = -(\sigma_1\sin^2\beta + \sigma_3\cos^2\beta) \\ \tau_{xy} = -(\sigma_1 - \sigma_3)\sin\beta\cos\beta \end{cases}$$

针对图 2-20 所示问题，应用叠加原理可求得其应力强度因子为

$$\begin{cases} K_{\mathrm{Ia}} = K_{\mathrm{Ib}} + K_{\mathrm{Ic}} \\ K_{\mathrm{IIa}} = K_{\mathrm{IIb}} + K_{\mathrm{IIcc}} \end{cases}$$

$$\begin{cases} K_{\mathrm{Ib}} = \sigma_y\sqrt{\pi a} \\ K_{\mathrm{Ic}} = P\sqrt{\pi a} \end{cases} \qquad \begin{cases} K_{\mathrm{IIb}} = \tau_{xy}\sqrt{\pi a} \\ K_{\mathrm{IIc}} = 0 \end{cases} \tag{2-15}$$

可以看出，$K_{Ib}<0$，这在物理上是不能接受的，负值的 I 型裂缝的应力强度因子 K_I 只有在它能抵消正值的应力强度因子时才有意义。因此，上述问题的应力强度因子可表示为

$$
\begin{cases}
K_{Ia} = \left[P - (\sigma_1\sin^2\beta + \sigma_3\cos^2\beta) \right] \sqrt{\pi a} \\
K_{IIa} = -(\sigma_1 - \sigma_3)\sin\beta\cos\beta \sqrt{\pi a}
\end{cases}
\tag{2-16}
$$

当 $K_{Ia}=0$ 时，为纯 II 型裂缝问题，对于强压剪情况，由于裂缝面受到压力而闭合，需考虑裂缝闭合效应；本文只考虑 $K_{Ia}>0$ 的 I-II 复合型裂缝问题。

2.3.2 分析计算

以上模型为 I-II 复合型平面裂缝问题，运用线弹性断裂力学理论进行分析计算，拟回答以下两个问题：①裂缝开启后向什么方向扩展？②裂缝在什么条件下开始开裂扩展？

2.3.2.1 最大周向拉应变理论

进行开裂分析的核心是选取合理的开裂准则。目前，还不存在一个万能的准则，能够适用于所有尺度和条件；运用较广泛的开裂准则有：最大周向拉应力准则（$\sigma_{\theta max}$-criterion）、能量释放率准则（G-criterion）及应变能密度因子准则（S-criterion）。所述准则都认为 I-II 复合型裂缝的开裂扩展为非自相似扩展，并且当 β 较大（K_{II}/K_I 较小）时，三者对开裂角及开裂载荷的预测是一致的。然而，$\sigma_{\theta max}$-criterion 和 G-criterion 并未考虑材料的影响，S-criterion 对受压作用下的断裂预测还有待于实验的进一步验证；应变类准则在压剪 I-II 复合型断裂问题中给出的结果与岩石及类岩石材料的实验结果最为接近。本书拟用最大周向拉应变理论（$\varepsilon_{\theta max}$-criterion）对上述模型进行开裂分析。

引入以裂缝端点为原点的极坐标（称为裂缝前缘坐标系），如图 2-21 所示，对于 I-II 复合型裂缝问题，裂缝尖端的应力分量奇异项在极坐标中可表示为

$$
\begin{cases}
\sigma_r = \dfrac{1}{2\sqrt{2\pi r}}\left[K_I(3-\cos\theta)\cos\dfrac{\theta}{2} + K_{II}(3\cos\theta-1)\sin\dfrac{\theta}{2} \right] \\
\sigma_\theta = \dfrac{1}{2\sqrt{2\pi r}}\cos\dfrac{\theta}{2}\left[K_I(1+\cos\theta) - 3K_{II}\sin\theta \right] \\
\tau_{r\theta} = \dfrac{1}{2\sqrt{2\pi r}}\cos\dfrac{\theta}{2}\left[K_I\sin\theta + K_{II}(3\cos\theta-1) \right]
\end{cases}
\tag{2-17}
$$

对平面应力问题，应力分量和应变分量满足 Hooke 定律：

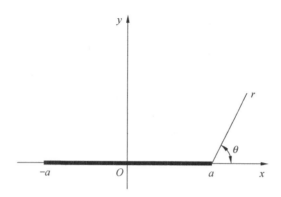

图 2-21 裂缝前缘坐标系 (r, θ)

$$\begin{cases} \varepsilon_r = \dfrac{1}{E}(\sigma_r - \mu\sigma_\theta) \\[2mm] \varepsilon_\theta = \dfrac{1}{E}(\sigma_\theta - \mu\sigma_r) \\[2mm] \gamma_{r\theta} = \dfrac{2(1+\mu)}{E}\tau_{r\theta} \end{cases} \tag{2-18}$$

将式（2-17）中的应力分量代入式（2-18），求得 ε_θ，整理后为

$$\varepsilon_\theta = \frac{1}{2E\sqrt{2\pi r}}\Bigg[K_{\mathrm{I}}\cos\frac{\theta}{2}(1-3\mu+\cos\theta+\mu\cos\theta) - $$

$$K_{\mathrm{II}}\left(3\cos\frac{\theta}{2}\sin\theta+3\mu\sin\frac{\theta}{2}\cos\theta-\mu\sin\frac{\theta}{2}\right)\Bigg] \tag{2-19}$$

式中　　E、μ——材料的弹性模量和泊松比；

　　　　K_{I}、K_{II}——Ⅰ、Ⅱ型裂缝端部的应力强度因子。

2.3.2.2　裂缝开启扩展的方向

最大周向拉应变理论认为：

（1）裂缝沿垂直于环向应变 ε_θ 最大的方向开裂扩展。

（2）当 $\varepsilon_{\theta\max}$ 达到临界值 ε_c 时，裂缝开始开裂扩展。

根据最大周向拉应变理论，裂缝开启扩展的方向应满足以下条件：

$$\frac{\partial\varepsilon_\theta}{\partial\theta}=0 \qquad \frac{\partial^2\varepsilon_\theta}{\partial\theta^2}<0 \tag{2-20}$$

由 $\dfrac{\partial \varepsilon_\theta}{\partial \theta} = 0$ 可得

$$K_I \sin \frac{\theta}{2} \left[2\mu - 3(1+\mu)\cos^2\frac{\theta}{2} \right] + K_{II} \cos \frac{\theta}{2} \left[9(1+\mu)\sin^2\frac{\theta}{2} - 3 - \mu \right] = 0$$

$$(2-21)$$

式（2-21）为按最大周向拉应变理论所预测的开裂角公式。开裂角 θ_0 由泊松比 μ、裂缝尖端的应力强度因子 K_I、K_{II} 或 K_{II}/K_I 确定；θ_0 的正负取决于 K_{II} 的正负，当 $K_{II}>0$ 时，$\theta_0<0°$，当 $K_{II}<0$ 时，$\theta_0>0$；图 2-22 所示为基于 $\varepsilon_{\theta max}$ 准则，泊松比 μ 分别取 0、0.1、0.15、0.2、0.25 和 0.3 时，开裂角 θ_0 与比值 K_{II}/K_I 关系曲线。

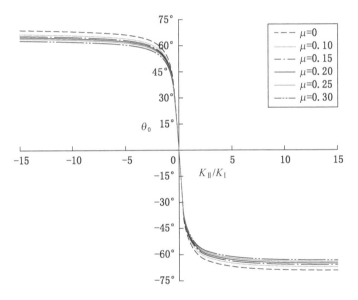

图 2-22 基于 $\varepsilon_{\theta max}$ 准则的开裂角 θ_0 与比值 K_{II}/K_I 的关系

最大周向拉应力理论（$\sigma_{\theta max}$-criterion）为上述 $\mu=0$ 的情形，从图 2-22 中可看出，当 μ 或 $|K_{II}/K_I|$ 值较小时，$\sigma_{\theta max}$ 准则与 $\varepsilon_{\theta max}$ 准则给出的结果很接近；当 $K_{II}=0$（纯 I 型裂缝）时，$\theta_0=0°$，即裂缝沿自身平面扩展；当 $K_{II} \neq 0$，但值不是很大时，$|\theta_0|$ 急剧增加；当 $K_I=0$，但 $K_{II} \neq 0$（纯 II 型裂缝），即 $K_{II}/K_I \to \infty$ 时，由 $\sigma_{\theta max}$ 准则预测的开裂角 $|\theta_0|=70°32'$，$\varepsilon_{\theta max}$ 准则所预测的开裂角 $|\theta_0| \leqslant 70°32'$，且与材料的泊松比 μ 有关，因而 $\varepsilon_{\theta max}$ 准则更具有针对不同材料的适应性。

针对图 2-20 所示模型，令 $K_I = K_{Ia}$，$K_{II} = K_{IIa}$，并将式（2-16）代入式（2-21），可得基于最大周向拉应变理论的开裂角 θ_0 与裂缝角 β 的关系，为了便于讨论，假定 $P > \sigma_1$（保证 $K_I > 0$），$\sigma_1 > \sigma_3$；定义 $D = (P - \sigma_1)/(\sigma_1 - \sigma_3)$，当 $\mu = 0.3$，绘制出 D 取不同值时，开裂角 θ_0 与裂缝角 β 的关系曲线，如图 2-23 所示。从该图可看出，当 $\beta = 0°$ 或 $90°$ 时，$\theta_0 = 0°$，说明裂缝方向与 σ_1 平行或垂直时，裂缝扩展为自相似扩展；随着 D 的逐渐增大，θ_0 逐渐减小，K_{II} 逐渐减小，K_I 发挥主导作用，特别地，当 $\sigma_1 = \sigma_3$ 时，D 趋于无穷大，这时 $K_{II} = 0$，裂缝表现为纯 I 型裂缝扩展。

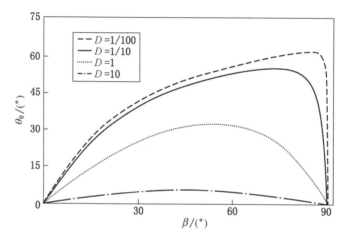

图 2-23　基于 $\varepsilon_{\theta\max}$ 准则的开裂角 θ_0 与裂缝角 β 随 D 变化的关系曲线

在水力压裂作业中，P 为水压力，σ_1、σ_3 为以主应力表示的地应力。若地应力不变时，D 随着 P 值的增加而增加，当裂缝开启所需的压力 P 远大于地应力时，地应力对裂缝扩展方向的影响较小，裂缝扩展近似表现为自相似扩展，因此，可称 D 为水力压裂裂缝扩展影响因子；另外，D 与水压力和最大主应力的差值（$P > \sigma_1$）成正比，与地应力差（$\sigma_1 - \sigma_3$）成反比。

结合 Abaqus 和 Franc3D 软件分析水力压裂裂缝扩展影响因子 D 对水力压裂裂缝扩展的影响。分别取 $P = 20$ MPa 和 $P = 100$ MPa，地应力 σ_1、σ_3 分别为 7 MPa、3 MPa，即 $D = 3.25$ 和 $D = 23.25$，初始裂缝半长 0.2 m，裂缝角 $\beta = 30°$，岩石弹性模量取 70 GPa，泊松比 0.26。图 2-24 所示为模型有限元网格。

当水压力 $P = 20$ MPa，即 $D = 3.25$ 时，水力压裂裂缝扩展情况如图 2-25 所示；当水压力 $P = 100$ MPa，即 $D = 23.25$ 时，水力压裂裂缝扩展情况如图 2-26 所示。

从图 2-25 可以看出，裂缝沿着与原裂缝面成一定角度开裂并扩展，根据图 2-23，裂缝开启角 θ_0 约为 12°，其扩展方向最终趋向垂直于最小主应力方向。因此，当 D 值较小，即所需开裂压力 P 较小时，裂缝开启角 θ_0 由开裂压力和地应力场控制，其最终扩展方向取决于最小主应力的方向。

从图 2-26 可以看出，裂缝扩展近似为自相似扩展，根据图 2-23，裂缝开启角 θ_0 约为 2.1°。当水压力 P 远大于地应力，即 D 值较大时，裂缝开启及扩展为自相似扩展，表现为 I 型裂缝开启扩展，裂缝扩展方向不受地应力方向的影响。

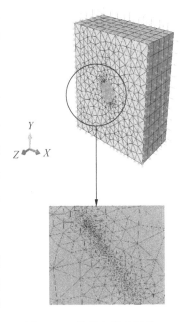

图 2-24　模型有限元网格

上述模拟结果与最大拉应变理论所得结论一致。

固定其他参数，当 μ 分别取 0、0.1、0.2 和 0.3 时，绘制出开裂角 θ_0 与裂缝角 b 的关系曲线，如图 2-27 所示。从该图可以看出，当 β 值小于 20°或接近 90°时，泊松比 μ 对 θ_0-β 的变化几乎无影响。

2.3.2.3　裂缝开启扩展的条件

最大周向拉应变理论认为：当 $\varepsilon_{\theta max}$ 达到临界值 ε_c 时，裂缝开始开裂扩展。由式（2-21）求得开裂角 θ_0 后，可以确定开裂条件，将 $\theta = \theta_0$ 代入式（2-19）可得：

$$\varepsilon_{\theta m} = \frac{1}{2E\sqrt{2\pi r}}\left[K_{\mathrm{I}}\cos\frac{\theta_0}{2}(1 - 3\mu + \cos\theta_0 + \mu\cos\theta_0) - \right.$$

$$\left. K_{\mathrm{II}}\left(3\cos\frac{\theta_0}{2}\sin\theta_0 + 3\mu\sin\frac{\theta_0}{2}\cos\theta_0 - \mu\sin\frac{\theta_0}{2}\right) \right] \qquad (2\text{-}22)$$

当 $\varepsilon_{\theta max} = \varepsilon_c$，且 $K_{\mathrm{I}} = K_{\mathrm{IC}}$，$K_{\mathrm{II}} = 0$（纯 I 型裂缝，此时 $\theta_0 = 0°$）时，可得：

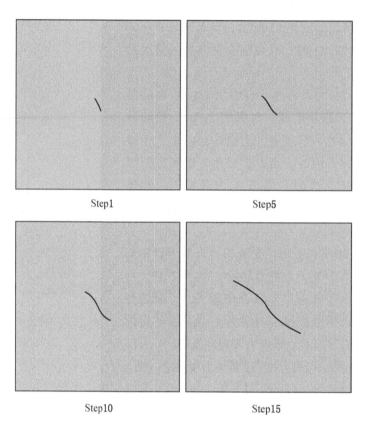

Step1   Step5

Step10   Step15

图 2-25 $D=3.25$ 时水力压裂裂缝扩展

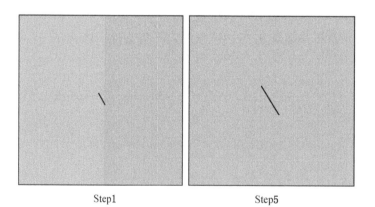

Step1   Step5

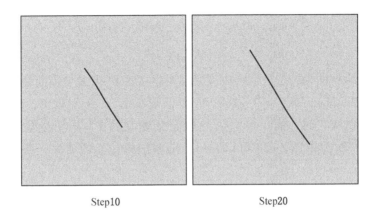

Step10   Step20

图 2-26 $D = 23.25$ 时水力压裂裂缝扩展

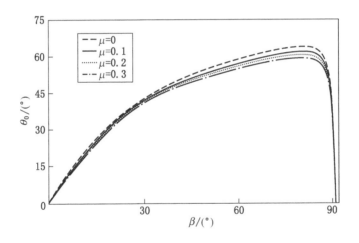

图 2-27   基于 $\varepsilon_{\theta\max}$ 准则的开裂角 θ_0 与裂缝角 β 随 μ 变化的关系曲线

$$\varepsilon_c = \frac{1 - \mu}{E \sqrt{2\pi r}} K_{IC} \qquad\qquad (2-23)$$

式中，K_{IC} 为材料断裂韧性。

由式（2-22）和式（2-23）得

$$K_I \cos \frac{\theta_0}{2} (1 - 3\mu + \cos\theta_0 + \mu\cos\theta_0) -$$

$$K_{\mathrm{II}}\left(3\cos\frac{\theta_0}{2}\sin\theta_0 + 3\mu\sin\frac{\theta_0}{2}\cos\theta_0 - \mu\sin\frac{\theta_0}{2}\right) =$$

$$2(1-\mu)K_{\mathrm{IC}} \tag{2-24}$$

式（2-24）即为按最大周向拉应变理论建立的 I - II 复合型断裂准则。

由式（2-21）和式（2-24）可得，泊松比 μ 分别取 0、0.1、0.15、0.2、0.25 和 0.3 时，满足最大周向拉应变理论的 I - II 复合型断裂包络线如图 2-28 所示。由图 2-28 可以看出，随着泊松比 μ 的增大，断裂包络线趋于保守。

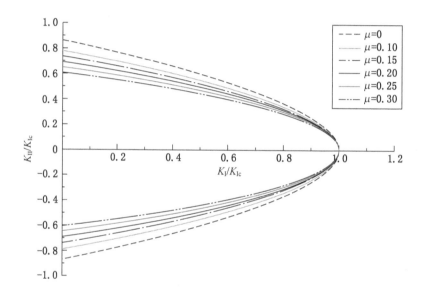

图 2-28　满足最大周向拉应变理论的 I - II 复合型断裂包络线

2.4　不同钻孔参数对压裂段应力分布及裂缝扩展影响

2.4.1　数值模型

岩体物理力学性质、地应力大小与方向等客观条件，及水力压裂试验中的压裂段长度、钻孔直径等都对压裂裂缝开启和扩展产生影响。为了研究水力压裂过程中钻孔压裂段周围岩体应力分布特征及裂缝开启、扩展过程，采用有限元软件 ABAQUS 进行了数值模拟分析。

为了详细研究水力压裂裂缝扩展过程及影响因素，分别建立二维和三维数值模型进行计算。二维模型如图 2-29 所示，主要研究岩体在最大、最小水平主应力作用下应力分布及裂缝扩展过程。根据模拟钻孔直径的大小及裂缝扩展情况，确定模型尺寸为 500 mm×500 mm。三维模型如图 2-30 所示，主要研究岩体在最大、最小水平主应力及垂直应力作用下三维应力分布及裂缝扩展过程。根据煤矿井下实际情况，确定数值计算模型尺寸为 500 mm×500 mm×3000 mm。上、下封隔器长度均为 1000 m，压裂段长度为 600 mm，钻孔直径为 56 mm。

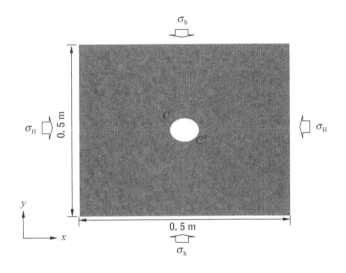

图 2-29　水力压裂二维模型网格图

模拟岩体为砂岩，其物理力学参数为：弹性模量 10 GPa，泊松比 0.23，内摩擦角 28°，剪胀角 10°，黏聚力 9.5 MPa，抗拉强度 4.0 MPa。采用 Mohr-Coulomb 本构模型。封隔器采用 ABAQUS 软件提供的橡胶材料模型。

对于二维平面应变模型，选择的单元类型为 CPE4R（四节点双线性减缩积分单元）。对于三维问题，在原生裂隙存在的情况中，由于裂隙较小，因此选择的单元类型为 C3D4（三维 4 节点线性四面体单元）。其他三维模型选择 C3D8R（8 节点线性六面体减缩积分单元）单元进行计算。

边界条件：对于二维模型（图 2-29），在左右边界施加最大水平主应力 σ_H，在上下边界施加最小水平主应力 σ_h。左右边界 x 方向的位移为零，上下边界 y 方向的位移为零。对于三维模型（图 2-30），由于水力压裂过程中随着水压增大通常沿着平行于最大水平主应力方向开裂，为了更清晰地显示裂缝开启及扩展情况，在前后边界施加最大水平主应力 σ_H，在左右边界施加最小水平主应力 σ_h，在上下边界施加垂直主应力 σ_v；前后边界 x 方向的位移为零，左右边界 y 方向的位移为零，上下边界 z 方向的位移为零。

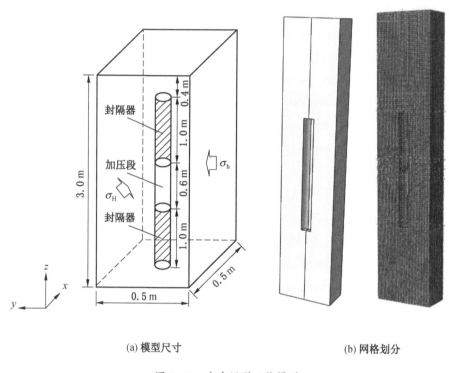

(a) 模型尺寸   (b) 网格划分

图 2-30 水力压裂三维模型

2.4.2 模拟方案

模型加载条件为：$\sigma_H = 12$ MPa，$\sigma_h = 6$ MPa，$\sigma_v = 10$ MPa。首先模拟常规完整岩石段水力压裂裂缝开启和扩展过程，然后再对存在原生裂隙、不同地应力水平、不同压裂段长度、不同钻孔直径等情况进行模拟分析。具体模拟方案如下：

（1）常规完整岩石段模拟。$\sigma_H = 12$ MPa，$\sigma_h = 6$ MPa，$\sigma_v = 10$ MPa；钻孔直

径 56 mm；压裂段长度 600 mm。

（2）原生裂隙岩石段模拟。$\sigma_H = 12$ MPa，$\sigma_h = 6$ MPa，$\sigma_v = 10$ MPa；钻孔直径 56 mm；压裂段长度 600 mm。原生裂隙分别为纵向、斜交和横向分布。

（3）不同地应力大小模拟。钻孔直径 56 mm，压裂段长度 600 mm。$\sigma_h = 6$ MPa，$\sigma_v = 10$ MPa，σ_H 分别为 8 MPa、10 MPa、12 MPa、15 MPa、18 MPa。

（4）不同压裂段长度模拟。$\sigma_H = 12$ MPa，$\sigma_h = 6$ MPa，$\sigma_v = 10$ MPa；钻孔直径 56 mm，压裂段长度分别为 200 mm、400 mm、800 mm。

（5）不同钻孔直径模拟。$\sigma_H = 12$ MPa，$\sigma_h = 6$ MPa，$\sigma_v = 10$ MPa；压裂段长度为 600 mm，钻孔直径分别为 89 mm、100 mm。

数值模拟过程为：首先施加初始地应力，然后在压裂孔（二维）和压裂段（三维）内部施加水压。水压由零逐渐增大，并实时监测压裂孔（二维）或压裂段（三维）围岩应力变化及裂缝开启与扩展情况。

2.4.3　数值模拟结果及分析

2.4.3.1　完整岩石段裂缝扩展及应力分布

常规完整岩石段随着水压增大应力分布及裂缝开启和扩展过程如图 2-31 ~ 图 2-35 所示。当水压增大到 10 MPa 时（图 2-31），钻孔周围岩体尚未开裂。由于受到地应力和水压力的叠加作用，垂直于最大主应力方向的孔壁附近岩体出现压应力集中，最大压应力值达 17.2 MPa；平行于最大主应力方向的孔壁附近岩体出现受拉现象，最大拉应力值为 2.9 MPa。围岩压应力区域明显大于拉应力区域。

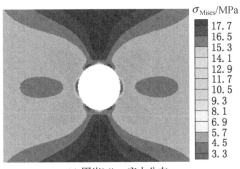

(a) 围岩Mises应力分布

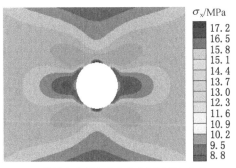

(b) 沿最大水平主应力方向围岩应力分布

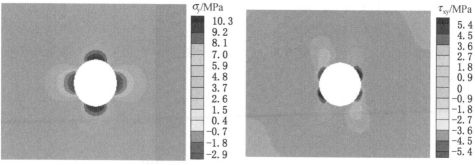

(c) 沿最小水平主应力方向围岩应力分布   (d) 围岩剪应力分布图

图 2-31　围岩二维应力分布（水压 10 MPa）

当水压增大到 11.1 MPa 时（图 2-32），钻孔周围岩体沿平行于最大主应力方向开裂。裂缝的开启由拉应力增大所引起，刚启裂时在钻孔启裂位置附近岩体

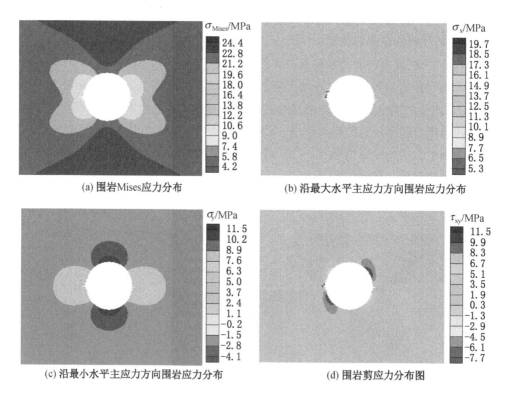

(a) 围岩 Mises 应力分布   (b) 沿最大水平主应力方向围岩应力分布

(c) 沿最小水平主应力方向围岩应力分布   (d) 围岩剪应力分布图

图 2-32　围岩二维应力分布（水压 11.1 MPa）

局部区域最大拉应力值达到了 4.1 MPa。由于裂缝的开启对钻孔围岩应力分布产生影响，最大压应力在该时刻并不发生在垂直于最大主应力方向的孔壁附近岩体，而是发生在裂缝启裂位置附近岩体，最大压应力值为 19.7 MPa。从图 2-33 可以看出：裂缝的开启首先从钻孔压裂段中部开始（图 2-33a），然后随着水压的增大逐渐向上下及岩体内扩展。裂缝开启后，在启裂处附件岩体出现"桃"形受拉区域（图 2-33b）。

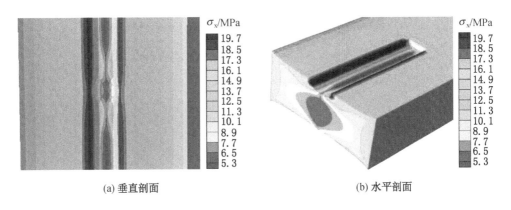

(a) 垂直剖面　　　　　　　　　　　　　(b) 水平剖面

图 2-33　围岩沿最大水平主应力方向应力分布（三维，水压 11.1 MPa）

当保持水压力 11.1 MPa，并持续注水时（图 2-34），裂缝沿平行于最大主应力方向进一步扩展，而且呈现对称分布，裂缝宽度和深度均明显增加。最大压应力仍然出现在裂缝附近岩体的局部位置，最大值为 19.2 MPa，较刚开裂时减小 0.5 MPa；最大拉应力主要集中在裂缝尖端，为 3.8 MPa，比启裂时略有减小。由图 2-35 可知，在完整岩体中，裂缝形状总体上呈直线分布。

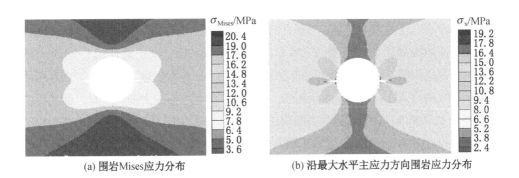

(a) 围岩Mises应力分布　　　　　　(b) 沿最大水平主应力方向围岩应力分布

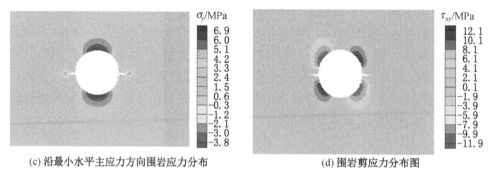

(c) 沿最小水平主应力方向围岩应力分布   (d) 围岩剪应力分布图

图 2-34　围岩二维应力分布（持续注水，水压力维持 11.1 MPa）

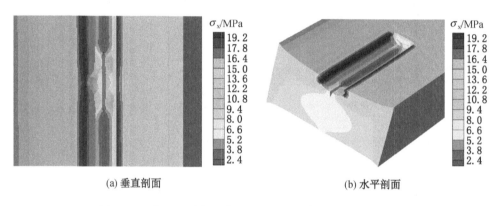

(a) 垂直剖面   (b) 水平剖面

图 2-35　钻孔压裂段围岩沿最大水平主应力方向应力分布

（三维，持续注水，水压维持 11.1 MPa）

2.4.3.2　原生裂隙岩石段裂缝扩展及应力分布

1. 原生裂隙垂直于最大主应力方向

当孔壁存在与最大主应力方向垂直的原生裂隙时，随着水压增大岩体中应力分布及裂缝扩展情况如图 2-36~图 2-38 所示。当没有水压、仅受地应力作用时（图 2-36），在裂缝尖端处岩石出现较大的应力集中，最大压应力值达 27.7 MPa。当水压增大到 5 MPa 时（图 2-37），受水压影响，裂缝尖端附近岩石应力变化明显，最大压应力减小到 21.4 MPa；在孔壁原生裂隙附近及平行于最大主应力方向孔壁处出现受拉区域，最大拉应力为 0.6 MPa；当水压增大到 10.9 MPa 时（图 2-38），钻孔围岩压应力值为 22.6 MPa，孔壁原生裂隙附近受拉区范围增大，压裂段在沿最大主应力方向的拉应力增加，最大拉应力为 4.1 MPa；此时原生裂隙宽度继续增大，同时在孔壁沿着最大主应力方向开始产生新的裂缝。随着持续注水，平行于最大主应力方向的新裂缝和垂直于最大主应力方向的原生裂隙都变宽且向内部扩展，但平行于最大主应力方向的新裂缝扩展速度更快。

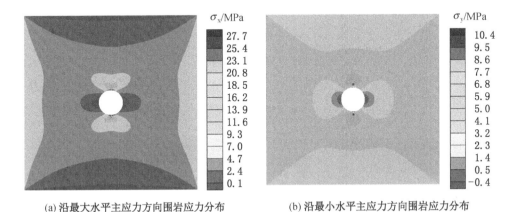

(a) 沿最大水平主应力方向围岩应力分布　　　　(b) 沿最小水平主应力方向围岩应力分布

图 2-36　围岩应力分布（垂直原生裂隙，无水压）

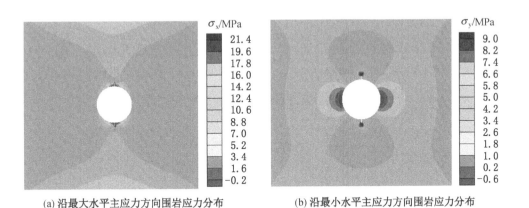

(a) 沿最大水平主应力方向围岩应力分布　　　　(b) 沿最小水平主应力方向围岩应力分布

图 2-37　围岩应力分布（垂直原生裂隙，水压 5 MPa）

2. 原生裂隙与最大主应力方向呈 45°

当孔壁 C、C′处（图 2-29）存在与最大主应力方向成 45°夹角的原生裂隙时，随着水压增大岩体中应力分布及裂缝扩展情况如图 2-39~图 2-41 所示。

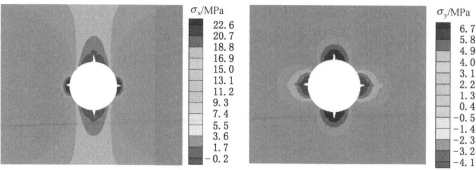

(a) 沿最大水平主应力方向围岩应力分布　　　(b) 沿最小水平主应力方向围岩应力分布

图 2-38　围岩应力分布（垂直原生裂隙，水压 10.9 MPa）

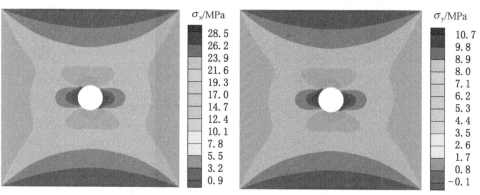

(a) 沿最大水平主应力方向围岩应力分布　　　(b) 沿最小水平主应力方向围岩应力分布

图 2-39　围岩应力分布（45°原生裂隙，无水压）

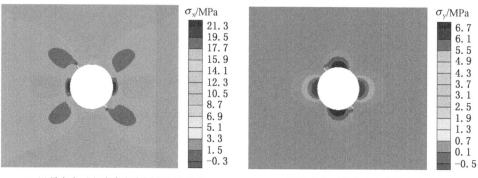

(a) 沿最大水平主应力方向围岩应力分布　　　(b) 沿最小水平主应力方向围岩应力分布

图 2-40　围岩应力分布（45°原生裂隙，水压 5 MPa）

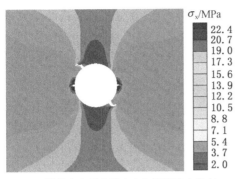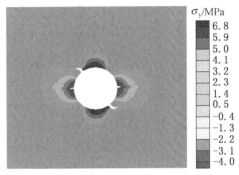

(a) 沿最大水平主应力方向围岩应力分布　　　　(b) 沿最小水平主应力方向围岩应力分布

图 2-41　围岩应力分布（45°原生裂隙，水压 11 MPa）

裂隙位置发生改变后，由于不同方向应力大小不同，从而引起裂缝尖端附近岩体应力分布特征和应力集中程度不同。当没有水压时（图 2-39），钻孔围岩应力分布总体趋势仍表现为平行于最大主应力的孔壁两侧出现拉应力区，最大拉应力值为 0.1 MPa；垂直于最大主应力方向的孔壁两侧出现压应力区，最大压应力值为 28.5 MPa。受原生裂隙及两个方向水平应力作用，应力分布呈现非对称现象。当水压增大到 5 MPa 时，裂缝尖端附近岩体应力变化明显，最大压应力值为 21.3 MPa，最大拉应力值为 0.5 MPa，原生裂隙宽度开始增大，裂缝开始向内部扩展；在应力值变化的同时，拉应力区的位置发生了变化，拉应力区分布于裂缝附近靠近平行于最大水平主应力方向一侧的岩体。当水压增大到 11 MPa 时（图 2-41），最大压应力值减小到 22.4 MPa，最大拉应力值为 4.0 MPa，孔壁岩体沿着平行于最大主应力方向产生了新的裂缝，原生裂隙扩展方向发生了改变，由原来沿 45°方向逐渐变化为沿平行于最大主应力方向扩展。当持续注水时，原生裂隙和新裂缝逐渐变宽，并沿着平行于最大主应力方向扩展到岩体内部。

3. 横向原生裂隙

当钻孔压裂段存在横向原生裂隙，即原生裂隙面与钻孔轴线垂直时，不同水压作用下钻孔压裂段围岩应力分布及裂缝扩展情况如图 2-42 所示。由于受到垂直应力作用，无水压时裂缝宽度很小，受地应力作用及横向原生裂隙影响，钻孔周围最大压应力为 12.3 MPa，裂隙周围存在一定的拉应力区，最大拉应力为 2.1 MPa，如图 2-42a 所示。当水压增大至 5 MPa 时（图 2-42b），随着水压增大，原生裂隙宽度增加，钻孔围岩压应力值增大，裂缝尖端及平行于最大主应力方向钻孔孔壁处拉应力增大，压裂段岩体最大压应力值为 16.0 MPa，裂缝处最大拉应力为 3.2 MPa。当水压达到 10 MPa 时（图 2-42c），原生裂隙宽度增加明显，并沿着水平方向向内扩展，且原生裂隙处开始出现沿平行于最大水平主应力方向的竖向裂缝；钻孔围岩最大压应力值为 19.0 MPa，裂缝尖端最大拉应力值为 3.8 MPa；拉应力区分布于裂缝尖端，以及裂缝上下平行于最大水平主应力方向的孔壁处。随着水压继续增大（图 2-42d），不仅原生裂隙的宽度进一步增加，而且新产生的竖向裂缝宽度也不断增大，并继续沿钻孔压裂段径向和法向扩展。

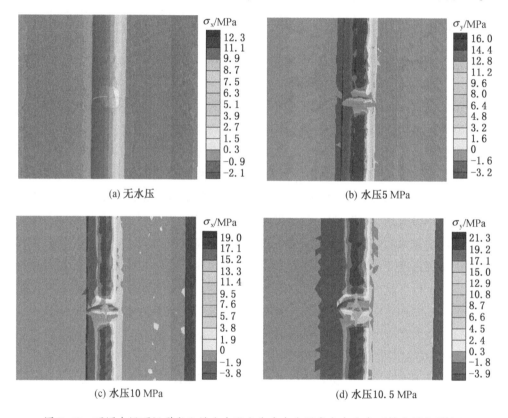

(a) 无水压   (b) 水压 5 MPa

(c) 水压 10 MPa   (d) 水压 10.5 MPa

图 2-42　不同水压下压裂段沿最大水平主应力方向围岩应力分布（横向原生裂隙）

可见，对于存在原生裂隙的压裂段，在裂隙处应力值相对较低，但在裂隙尖端存在应力集中现象。无论原生裂隙的位置或方向如何，随着水压增大，都首先在孔壁原生裂隙附近出现受拉区域，裂缝扩展从原生裂隙处开始，先出现裂缝宽度增大现象，然后随着水压的增大裂缝扩展。原生裂隙的位置与方向对压裂段周围岩体应力分布及裂缝扩展有显著影响。当水压达到一定值后，压裂段岩体将沿着最大主应力方向产生新的裂缝。随着水压进一步增大，原生裂隙和新裂缝将变宽，并向岩体内部扩展，而且新裂缝扩展速度大于原生裂隙。

2.4.3.3 不同地应力大小对裂缝扩展及应力分布影响

通过保持最小水平主应力和垂直应力不变，改变最大水平主应力来分析地应力对压裂段围岩应力分布及裂缝扩展的影响。

（1）最大水平应力为 8 MPa。随着水压增加，压裂段周围岩体应力不断变化。当水压为 10 MPa 时（图 2-43），压裂段周围岩体未出现开裂，受水压力作用钻孔附近岩体最大压应力为 9.7 MPa。当水压增大至 14.9 MPa 时（图 2-44），压裂段中部平行于最大主应力方向岩体开始产生裂缝，此时最大拉应力明显增大，为 4.1 MPa；最大压应力增加至 14.5 MPa。

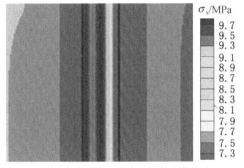
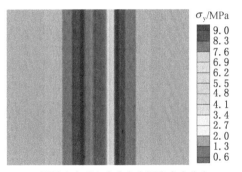

(a) 沿最大水平主应力方向围岩应力分布　　　　(b) 沿最小水平主应力方向围岩应力分布

图 2-43　围岩应力分布（最大水平主应力 8 MPa，水压 10 MPa）

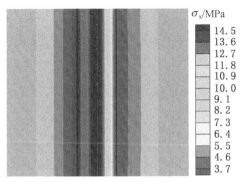
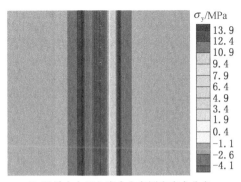

(a) 沿最大水平主应力方向围岩应力分布　　　　(b) 沿最小水平主应力方向围岩应力分布

图 2-44　围岩应力分布（最大水平主应力 8 MPa，水压 14.9 MPa）

（2）最大水平应力为 10 MPa。当水压为 10 MPa 时（图 2-45），压裂段附近岩体未产生裂缝，此时最大拉应力为 0.8 MPa，最大压应力为 12.3 MPa；当水压增大至 13 MPa 时（图 2-46），压裂段中部平行于最大主应力方向岩体开始产生裂缝，此时最大拉应力为 4.1 MPa；最大压应力增大，为 15.5 MPa。

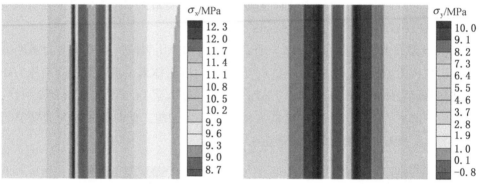

(a) 沿最大水平主应力方向围岩应力分布　　　　　(b) 沿最小水平主应力方向围岩应力分布

图 2-45　围岩应力分布（最大水平主应力 10 MPa，水压 10 MPa）

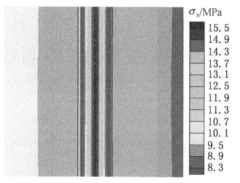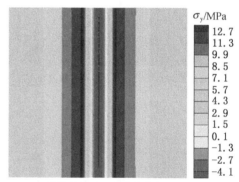

(a) 沿最大水平主应力方向围岩应力分布　　　　　(b) 沿最大水平主应力方向围岩应力分布

图 2-46　围岩应力分布（最大水平主应力 10 MPa，水压 13 MPa）

（3）最大水平应力为 12 MPa。当水压增大至 10 MPa 时（图 2-47），压裂段附近岩体仍未产生裂缝，此时最大拉应力为 2.9 MPa，最大压应力为 17.2 MPa。当水压增大至 11.1 MPa 时（图 2-48），压裂段中部平行于最大主应力方向岩体开始产生裂缝，此时最大拉应力明显增大，为 4.1 MPa；最大压应力为

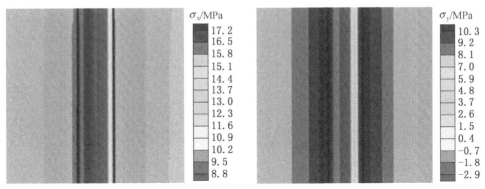

| (a) 沿最大水平主应力方向围岩应力分布 | (b) 沿最小水平主应力方向围岩应力分布 |

图 2-47 围岩应力分布 (最大水平主应力 12 MPa, 水压 10 MPa)

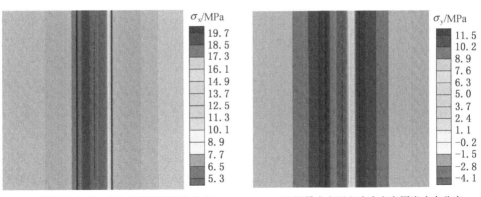

| (a) 沿最大水平主应力方向围岩应力分布 | (b) 沿最小水平主应力方向围岩应力分布 |

图 2-48 围岩应力分布 (最大水平主应力 12 MPa, 水压 11.1 MPa)

19.7 MPa。

（4）最大水平应力为 15 MPa。当水压增大至 8.2 MPa 时，压裂段中部平行于最大主应力方向岩体开始产生裂缝，最大压应力为 25.1 MPa（图 2-49）；最大拉应力为 4.1 MPa（图 2-50）。

（5）最大水平应力为 18 MPa。当水压增大至 5.3 MPa 时，压裂段中部平行于最大主应力方向岩体开始产生裂缝，最大压应力为 34.7 MPa（图 2-51）；最大拉应力为 4.1 MPa（图 2-52）。

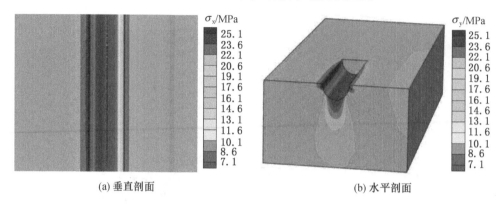

(a) 垂直剖面   (b) 水平剖面

图 2-49 沿最大水平主应力方向围岩应力分布(三维,最大水平主应力 15 MPa,水压 8.2 MPa)

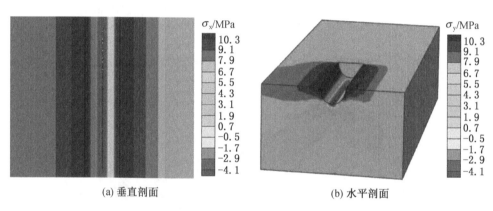

(a) 垂直剖面   (b) 水平剖面

图 2-50 沿最小水平主应力方向围岩应力分布(三维,最大水平主应力 15 MPa,水压 8.2 MPa)

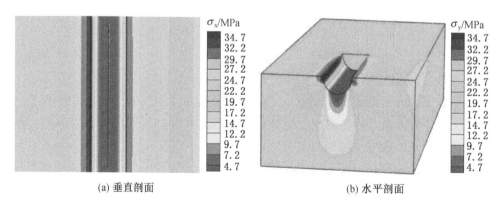

(a) 垂直剖面   (b) 水平剖面

图 2-51 沿最大水平主应力方向围岩应力分布(三维,最大水平主应力 18 MPa,水压 5.3 MPa)

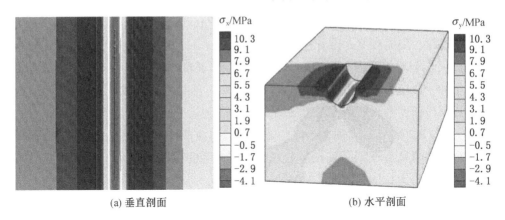

(a) 垂直剖面   (b) 水平剖面

图 2-52　沿最小水平主应力方向围岩应力分布(三维,最大水平主应力 18 MPa,水压 5.3 MPa)

　　从不同地应力条件下钻孔围岩应力分布及裂缝扩展情况来看,当垂直应力与最小水平主应力保持不变,随着最大主应力增加,钻孔围岩最大压应力增大;最大水平主应力与最小水平主应力差值越大,对应加压段岩体启裂时的水压值越小。

2.4.3.4　不同压裂段长度对裂缝扩展及应力分布影响

　　(1)压裂段长度为 200 mm。此时,压裂段长度为钻孔直径的 3.6 倍。随着水压增加,拉应力首先出现在压裂段中部附近的孔壁处,且随着水压增加拉应力值不断增大。由于压裂段长度小,压裂段端头对中部的应力分布有明显影响。当水压大于 10 MPa 后,最大压应力与拉应力值均随水压增加而明显增大。当水压增大到 12 MPa 时(图 2-53),压裂段岩体在平行于最大主应力方向开始出现裂

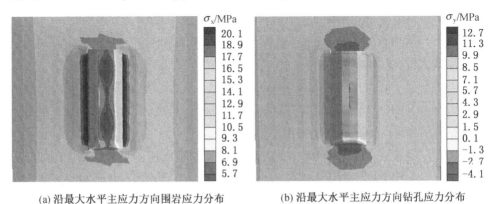

(a) 沿最大水平主应力方向围岩应力分布   (b) 沿最大水平主应力方向钻孔应力分布

图 2-53　围岩应力分布 (压裂段长度 200 mm,水压 12 MPa)

缝，此时压裂段附近岩体最大压应力为20.1 MPa，最大拉应力为4.1 MPa；随着注水的持续，裂缝变宽并沿着径向和法向扩展。

（2）压裂段长度为400 mm。此时，压裂段长度为钻孔直径的7.1倍。随着水压增加，拉应力首先出现的位置及分布区域与压裂段长度200 mm时类似。但由于压裂段长度增加一倍，压裂段端头对中部的应力分布的影响明显减小。当水压增大到11.3 MPa时（图2-54），压裂段岩体在平行于最大主应力方向开始产生裂缝，裂缝呈直线型，其长度较压裂段长度200 mm时更大，最大压应力为19.9 MPa，最大拉应力为4.0 MPa。

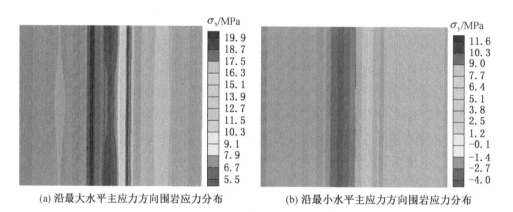

(a) 沿最大水平主应力方向围岩应力分布　　　　　(b) 沿最小水平主应力方向围岩应力分布

图2-54　围岩应力分布（压裂段长度400 mm，水压11.3 MPa）

（3）压裂段长度为600 mm。此时，压裂段长度为钻孔直径的10.7倍。压裂段周围岩体应力分布如图2-34~图2-35所示，应力状态分析如前所述。

（4）压裂段长度为800 mm。此时，压裂段周围岩体应力分布特征及应力值与压裂段长度600 mm时相差很小。当水压增大到11.1 MPa时（图2-55），压裂段岩体在平行于最大主应力方向开始产生裂隙，最大压应力为19.6 MPa，最大拉应力为4.1 MPa。压裂段长度为800 mm与压裂段长度为600 mm相比，启裂水压及钻孔围岩应力分布状态相差很小。

可见，随着压裂段长度增加，裂缝启裂时对应的水压值逐渐减小。压裂段长度过小，端头效应对压裂段中部的应力分布会产生明显影响。随着压裂段长度增大，端头效应不断减弱。当压裂段长度大于钻孔直径的10倍（600 mm）后，压裂段中部岩体应力分布与裂缝启裂时对应的水压值基本保持不变。对于直径

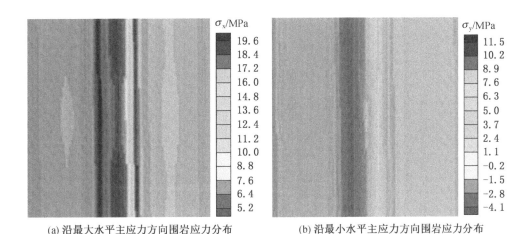

(a) 沿最大水平主应力方向围岩应力分布   (b) 沿最小水平主应力方向围岩应力分布

图 2-55　围岩应力分布 (压裂段长度 800 mm, 水压 11.1 MPa)

56 mm 的钻孔, 选择压裂段长度 600 mm 是比较合理的。

2.4.3.5　不同钻孔直径对裂缝扩展及应力分布影响

当钻孔直径为 56 mm、89 mm、100 mm 时, 随着水压增加压裂段周围岩体应力变化特征相差不大, 均在压裂段中部沿平行于最大主应力方向出现受拉区, 当拉应力超过岩石抗拉强度后产生裂缝。当水压继续增大时, 裂缝变宽并沿着径向和法向扩展。

(1) 钻孔直径为 56 mm。压裂段周围岩体应力分布如图 2-34～图 2-35 所示, 应力状态分析如前所述。

(2) 钻孔直径为 89 mm。随着水压增大, 压裂段岩体最大压应力、拉应力不断增加。当水压增大到 11.3 MPa 时 (图 2-56), 压裂段产生裂缝, 最大拉应力为 4.1 MPa, 最大压应力为 20.0 MPa。

(3) 钻孔直径为 100 mm。当水压增大至 11.4 MPa 时 (图 2-57), 压裂段出现裂缝, 岩体最大拉应力为 4.0 MPa, 最大压应力为 20.2 MPa。

可见, 随着钻孔直径增加, 裂缝启裂时对应的水压值有所增加, 但增加幅度不大。同时, 对于不同直径的钻孔, 随着水压增大, 裂缝宽度和深度都不断增加。

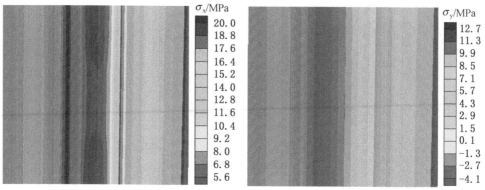

(a) 沿最大水平主应力方向围岩应力分布　　　(b) 沿最小水平主应力方向围岩应力分布

图 2-56　围岩应力分布 (钻孔直径 89 mm, 水压 11.3 MPa)

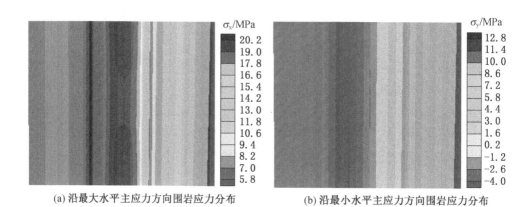

(a) 沿最大水平主应力方向围岩应力分布　　　(b) 沿最小水平主应力方向围岩应力分布

图 2-57　围岩应力分布 (钻孔直径 100 mm, 水压 11.4 MPa)

3 官板乌素煤矿 6 号煤钻孔压裂 改 造 模 拟 研 究

3.1 顶煤及顶板压裂改造数学模型及数值模拟方法

3.1.1 研究现状

煤炭开采过程也是不断产生地下悬空构筑物的过程，尤其是煤层上方坚硬难垮顶板悬臂状态，产生的弯曲弹性能与其悬臂长度的 5 次方成正比。坚硬顶板悬而不垮形成静态弹性能积聚，瞬间垮断又形成脉冲式动载荷，是煤矿冲击地压发生的主要原因，因此坚硬顶板预裂是防灾治灾研究的重要目标。

康红普等开展了煤矿坚硬难垮顶板水力压裂裂缝扩展机制研究及应用，研究了煤矿井下水力压裂技术及在围岩控制中的应用，并通过采用空心包体监测煤层应力的变化，研究了水力压裂机制及评价压裂效果，并进行了水力压裂起裂与扩展分析。

潘俊锋等针对砂岩顶板，通过室内高压水射流切割岩石，测定不同水力化参数下岩石破坏深度、宽度以及冲蚀体积等缝槽特征指数值的变化规律，并进行现场试验，结果表明顶板岩层水射流预制缝防冲卸压效果良好。

唐铁吾等为评估王台铺煤矿石灰岩顶板的起裂水压，分别在天然和饱水状态下对煤矿现场采集的顶板石灰岩样品进行了单轴压缩试验、纯 I 型断裂试验以及 I-II 复合型断裂试验及数值模拟实验，确定了饱水状态对起裂压力的影响规律。

牟全斌等提出了井下定向长钻孔水力压裂瓦斯高效抽采技术，总结了长钻孔整体压裂和围岩梳状孔分段压裂两种水力压裂模式，分析了施工工艺和关键技术，并以阳泉矿区为例，进行了定向长钻孔水力压裂试验，梳状孔分段压裂过程中围岩中裂缝通过牵引作用与煤层中压裂裂缝沟通，进而形成新的煤储层裂隙网络系统，有利于提高瓦斯抽采效果。

综上，煤矿单井压裂数值模拟已有开展，但缺少多井联合压裂下的数值模拟，不利于多井组合压裂施工优化与应用推广。

3.1.2 数值模拟方法

本书中水力压裂模型是基于离散网络模型建立，其是以临界应力分析理论为基础，求解随机裂隙网络域上岩石质量的本构关系。水力裂缝沿最小主应力方向延伸。对天然裂缝进行检测，依据裂缝激活准则，监测相互连通的天然裂缝，并允许压裂液进入并激活相应的裂缝。而裂缝激活准则是指满足缝内孔隙压力大于裂缝法向应力。该模拟方法需保持压裂液体积与水力扩张裂缝及激活的天然裂缝体积平衡，从而实现水力压裂裂缝扩展模拟。裂隙扩张体积的大小与岩石的弹性性质、应力状态和内部裂缝孔隙压力有关。

该模拟方法裂缝扩展主要包括拉张性裂缝扩展和剪切裂缝破坏。拉张裂缝的开启服从缝内孔隙压力大于裂缝法向应力原则，即 $P_{frac} > \sigma_N$；而裂缝扩展主要依据 Secor 和 Pollard 方法，裂缝宽度由式（3-1）计算所得。根据质量守恒定律，结合缝内液体体积可计算得到裂缝扩展距离 d。

$$e = \frac{4(1 - \nu^2)}{E}(P_{frac} - \sigma_N)d_{max}\sqrt{1 - \left(\frac{d}{d_{max}}\right)^2} \qquad (3-1)$$

式中　　　e——裂缝宽度；

　　　　　ν——泊松比；

　　　　　E——弹性模量；

　　　　　P_{frac}——裂缝缝内压力；

　　　　　σ_N——裂缝法向应力；

　　　　　d_{max}——最大裂缝扩展距离；

　　　　　d——裂缝长度。

该模型中压裂液滤失系数决定水力裂缝和天然裂缝中压裂液的分配额度，与水力扩张缝相连通的天然裂缝激活开启则由注入优先度参数确定，优先度越大，天然裂缝优先开启。注入优先度计算公式如下：

$$priority = \frac{transmisivity^M \times orientation^N}{connectionlevel^L} \qquad (3-2)$$

式中　　　　$priority$——注入优先度；

$transmisivity$——归一化的裂缝传导率, $transmisivity = \dfrac{\log(T_{element})}{\log(T_{max}) - \log(T_{min})}$;

orientation——水力扩张裂缝与天然裂缝走向夹角余弦，*orientation* = cos（θ）；

connectionlevel——归一化的裂缝与射孔点的距离，*connectionlevel* = d/d_{max}；

M、*N*、*L*——*transmisivity*、*orientation*、*connectionlevel* 的系数。

该模型同时考虑裂缝剪切破坏，并依据 Mohr-Coulomb 准则判断裂缝剪切破坏。该模型考虑了正应力或平均应力作用的最大剪应力或单一剪应力的屈服理论，即当剪切面上的剪应力与正应力之比达到最大时，材料发生屈服与破坏，即当裂缝剪切强度满足下式时，裂缝将会发生剪切破坏。

$$|\tau| \geqslant f(\sigma) \tag{3-3}$$

式中，$f(\sigma)$ 为裂缝的剪切破坏包络线，是关于正应力的函数，一般来说，$f(\sigma) = C + \sigma\tan\phi$，其中 C 为岩石内聚力，ϕ 为内摩擦角。

摩尔-库仑理论中切应力τ和正应力 σ 计算见式（3-4）、式（3-5）。若计算所得（σ，τ）点位于图 3-1 中浅色区域，则裂缝发生剪切破坏；若位于深色区域，则裂缝不发生剪切破坏。

$$\tau = \frac{1}{2}(\sigma_1 - \sigma_3)\cos\phi \tag{3-4}$$

$$\sigma = \frac{1}{2}(\sigma_1 + \sigma_3) + \frac{1}{2}(\sigma_1 - \sigma_3)\sin\phi \tag{3-5}$$

式中　σ_1——储层最大主应力与孔隙压力之差；

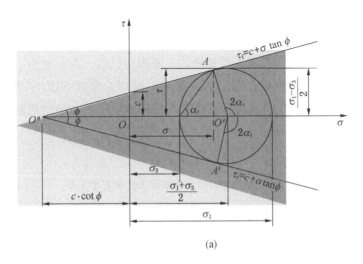

(a)

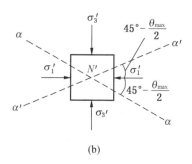

(b)

图 3-1　摩尔-库仑理论示意图

σ_3——最小主应力与孔隙压力之差；

ϕ——内摩擦角。

本书中对研究区域内前期施工井压裂施工数据进行分析，运用上述水力压裂模型，结合天然裂缝模型及储层岩石力学模型，依据实际施工数据对其进行压裂改造模拟。

3.2　煤层钻孔改造模型

3.2.1　煤层概况及地层参数

3.2.1.1　煤层概况

6 号煤层的含煤地层为石炭系上统太原组上段地层，钻孔揭露该地层厚度为 51.39~132.73 m，平均 83.85 m。该地层岩性组成为灰白色砂岩；灰色、灰黑色砂质泥岩；泥岩；煤层。工作面煤层顶板为中、细砂岩，白色泥质胶结，以石英为主的石英质砂岩和黄灰色石英质粗砂岩，底板为白色、灰白色中、细石英质砂岩。工作面煤层呈单斜构造，煤层走向 N20°—40°E。倾向 S320°—340°W，倾角 5°~9°，平均 7°。本工作面地质构造简单，根据 604 工作面地质资料分析，该工作面煤层埋藏稳定无构造。

地面相对位置及邻近采区开采情况详见表 3-1。

表 3-1　地面相对位置及邻近采区开采情况表

水平/m	+980
工作面名称	615 工作面回风巷

表 3-1（续）

采区	6 煤采区
工作面标高/m	+980～+937
地面的相对位置 建筑物及其他	地面地表大部为丘陵地形，地面为山坡草地，局部为已搬迁的吕家油坊
井下相对位置对 掘进巷道的影响	615 工作面回风巷位于 6 煤采区，该工作面外段为铁塔保护煤柱，里段为 F8 断层保护煤柱
邻近采掘情况对 掘进巷道的影响	该巷道外段与 604 采空区相邻，里段与 615 工作面回风巷相邻，对 615 工作面回风巷掘进无影响

本次实验作业面为 615 工作面，615 工作面回风巷与 615 回风巷相邻，该工作面南部为铁塔保护煤柱，其北部为 F8 断层保护煤柱。

3.2.1.2 官板乌素煤矿 6 号煤层及顶底板岩石力学参数

收集目标区块资料，得到岩石力学参数，见表 3-2。

表 3-2 煤层顶底板情况表

顶底板名称		岩石类别	厚度/m	岩性特征
顶板	基本顶	中细砂岩	5.9	白色，泥质胶结，以石英为主
	直接顶	粗砂岩	2.8	灰黄色，成分以石英长石为主
底板	直接底	中细砂岩	1.8	白色，石英质中砂岩
	基本底	中细砂岩	4.0	灰白色，含植物化石

该区域顶底板包含砂岩和泥岩，目标区域 6 号煤层顶底板岩性及其岩石力学属性见表 3-3。

表 3-3 目标区域 6 号煤层顶底板岩性及其岩石力学属性表

物理性质及 力学指标	岩　　性						
	砾岩	粗砾岩	中砂岩	细砂岩	砂质泥岩	泥岩	煤
密度 Δ/(kg·m^{-3})	2668～2572	2678～2338	2720～2612	2760～2624	2760～2624	2698～2262	2320～1630
容重 γ/(kg·m^{-3})	2279～2185	2838～2396	2597～2383	2676～2453	2676～2453	2519～2034	2079～1495
孔隙率 P/%	1780～1252		9.7～1.84	6.91～3.04	6.91～3.04	14.78～2.54	10.39～8.28
天然含水率 W/%	4.67～0.98		2.46～0.67	2.91～0.67	2.91～0.67	5.81～1.27	

表3-3（续）

物理性质及力学指标		岩性						
		砾岩	粗砾岩	中砂岩	细砂岩	砂质泥岩	泥岩	煤
抗压强度 P_w/MPa	自然状态	20.3~6.6		75.9~14.1	141.0~13.3	141.0~13.3	64.9~5.6	4.9~4.5
	吸水状态					4	37.7~6.6	
	软化系数					0.09	0.84~0.15	
抗剪强度/MPa	正应力	37~30.3	37~14	23	73.2~23	47	28.4~16	
	剪应力	37~30.3	37~14	23	73.2~23	47	28.4~16	
	正应力	10.0~9.0	10~5	11	18.9~11	14	11~8	
	剪应力	14.3~13.0	14~7	16	27.0~16	20	15~11	
	正应力	3	5~2	5	25~8	6	5~4.2	
	剪应力	6.3~6.0	11~4	11	54~16	14	11~9	
普氏系数 f		1.93~0.97	5.13~0.94	3.81~2.31	5.08~3.52	7.32~1.66	5.98~0.93	0.5~0.46
弹性模量 E/MPa		$0.44×10^5$~$0.05×10^5$	$0.25×10^5$~$0.03×10^5$	$0.20×10^5$	$0.45×10^5$~$0.40×10^5$			
内摩擦角 ϕ/(°)		41.85~40.85	42.33~52.75	33.96	43.47	39.8		
泊松比		0.58~0.13	0.34~0.13		0.29~0.22			
凝聚力/MPa		5.12~4.05	7.02~2.74	7.68	7.82	8.53	7.69~5.59	

乌力吉门都对官板乌素煤矿6号煤层及其顶底板力学属性进行了实验研究和分析，取得煤层及其顶底板密度、抗拉强度、抗压强度、内聚力及内摩擦角等参数（表3-4）。

表3-4　6号煤层及其顶底板力学参数表

煤岩名称	厚度/m	密度/(kg·m^{-3})	抗压强度/MPa	抗拉强度/MPa	内聚力/MPa	内摩擦角/(°)
粉砂岩	4	2550	53.43	5.61	12.5	30.76
泥岩	3	2579	67.74	5.024	12.468	19.54

表 3-4（续）

煤岩名称	厚度/m	密度/(kg·m⁻³)	抗压强度/MPa	抗拉强度/MPa	内聚力/MPa	内摩擦角/(°)
砂质泥岩	4.7	2654	44.82	3.595	6.35	36.53
泥岩	5	2633	59.19	4.862	10.55	27.81
中砂岩	1	2494	81.5	7.536	14.4	28.21
砂质泥岩	4.8	2499	24.82	4.71	4.716	29.79
砂岩	0.3	2640	71.06	6.237	13	36.9
6 号煤	14.6	1353	13.58	0.737	20.2	26.35
细砂岩	2.8	2555	68.32	5.645	13.79	26.66
砂质泥岩	0.8	2650	44.82	3.595	6.35	36.96
细砂岩	1.9	2555	68.32	5.645	13.79	26.66
砂质泥岩	6	2650	44.82	3.595	6.35	36.96

官板乌素煤矿 6 号煤层弹性模量、泊松比的参数见表 3-5。

表 3-5 官板乌素煤矿 6 号煤层岩石力学参数

密度/(kg·m⁻³)	抗压强度/MPa	抗拉强度/MPa	弹性模量/GPa	泊松比	黏聚力/MPa	肉摩擦角/(°)
1350	26.50	1.03	2.45	0.21	0.74	32

综合以上研究成果，目标区域 6 号煤层及其顶底板岩石力学参数见表 3-6。

表 3-6 目标区域 6 号煤层及其顶底板岩石力学参数设置

煤岩名称	厚度/m	密度/(kg·m⁻³)	抗压强度/MPa	抗拉强度/MPa	内聚力/MPa	内摩擦角/(°)	弹性模量/GPa	泊松比
顶板	35	2581	50.24	4.857	9.25	29.59	25	0.25
6 号煤	15	1353	13.58	0.737	20.20	26.35	2.45	0.21
底板	11	2611	54.42	4.433	9.39	32.75	25	0.25

3.2.1.3 官板乌素煤矿 6 号煤层及顶底板地应力

位于 615 外胶运下山掘 362 m 到位后转向掘 615 工作面回风巷,按方位角 23°开口掘进。该煤层埋深约 250 m,垂向应力可根据岩石密度计算取得,因此,6 号煤层底部垂向地应力约为 6.25 Pa。

水平应力只能通过实测获得,参考沁水盆地南部煤层水平两向地应力研究测试成果,水平两向地应力与煤层埋藏深度具有一定的线性关系(图 3-2)。

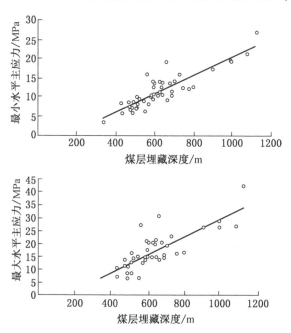

图 3-2 储层水平地应力与埋藏深度的线性关系

因此,结合煤层垂向地应力,最小水平主应力约为垂向地应力的 1.2 倍。因此,目标区域煤层底部水平最小主应力约为 7.5 MPa,水平最大主应力约为 11.25 MPa。

参考王琳琳的临汾地区煤层水平两向地应力分布方向,根据地震震源机制及构造裂缝走向,分析了沁水盆地南部煤层水平两向地应力方向。以上两者的研究成果基本一致,最大水平主应力方向为 NEE 方向。结合文献与本区域特征,认为该地区工作面与最大水平主应力一致,取 N23°E。

3.2.1.4 官板乌素煤矿 6 号煤层及顶底板节理割理发育情况

1. 节理产状

参考沁水盆地煤层地层节理研究成果,本区域煤层及顶底板节理方向保持一致，主要分为两组，且两组节理正交，约为 N45°E 和 N45°W，倾角为 90°。

2. 节理密度

综合侯晓伟的沁水盆地煤层地层节理发育密度研究成果和王琳琳统计的临汾地区东南部砂岩及煤层露头节理发育情况，发现含煤地层节理密度与岩层厚度有关，岩层越厚，节理发育程度越高。

研究成果表明，煤层及其顶底板均发育节理，但煤层节理发育程度明显大于顶底板，因此，目标区域 6 号煤层及其顶底板发育两组节理，其发育密度为：顶底板 8 条/m 和 5 条/m；煤岩 80 条/m 和 60 条/m。

沁水盆地煤层地层节理开度及节理尺寸研究成果，确定目标区域 6 号煤层及其顶底板节理开度及节理尺寸见表 3-7。

表3-7 目标区域6号煤层及其顶底板节理开度及节理尺寸

项目	开度/mm	高度/m	长度/m
顶底板	0.1~1	0.1~0.5	1~5
6 号煤	0.5~2	0.1~0.5	1~5

3.2.1.5 官板乌素煤矿 6 号煤层及顶板钻孔压裂改造方案

认为该地区工作面与最大水平主应力一致，取 N23°E。工作面及注水控烟方向如图 3-3 所示。

图 3-3 工程工作面方向分布

本区域为了释放顶板应力，降低煤层强度，提高开采效率，采用双倾角孔眼注水压裂方案（图3-4、图3-5）。孔眼倾角分别为23°和52°，孔间距为8 m。

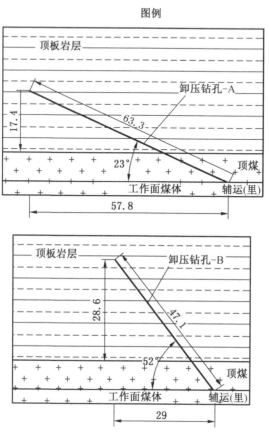

图 3-4　以不同角度钻孔施工图

注入排量为220 L/min。根据现场施工情况（图3-6、图3-7），注入压力平均为24 MPa。

3.2.2　煤层及顶板模型建立

本次钻孔压裂改造实验主要研究6号煤层及其顶板中注水裂缝情况，因此，根据区域地层参数，建立6号煤层及其顶板地质力学模型。

模型尺寸为30 m×80 m×50 m，其中煤层厚度为15 m，顶板厚度为35 m，煤层底部深度为250 m，模型单元尺寸为1 m×1 m×1 m，模型网格数量为30×80×50。

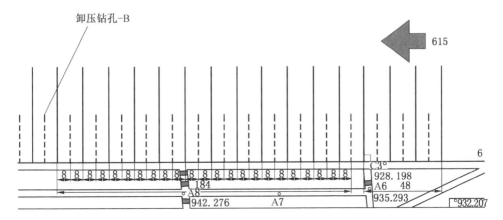

图 3-5　以不同钻孔间距施工图

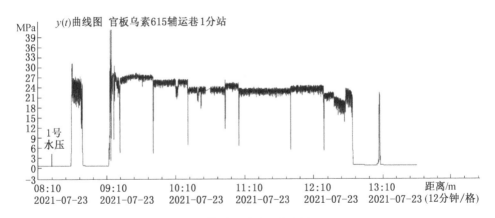

图 3-6　典型压裂施工曲线图（1）

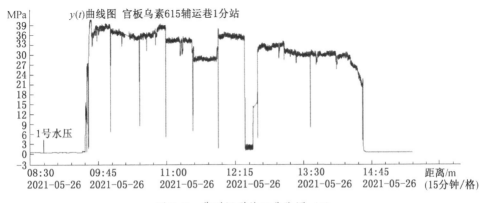

图 3-7　典型压裂施工曲线图（2）

3.2.2.1 弹性模量模型

按照获得的弹性模量参数，建立了岩层的弹性模量模型，如图 3-8 所示。顶板图中下部黑色部分为煤层，弹性模量为 2.45 GPa，上部灰色部分为顶板岩层，弹性模量为 25 GPa。

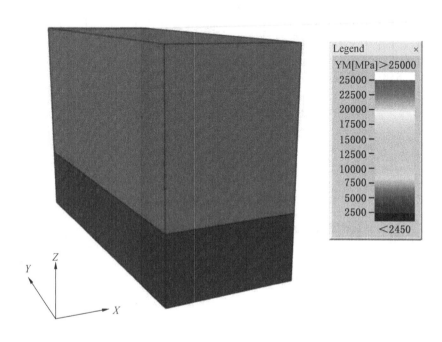

图 3-8 弹性模量参数数值模型

3.2.2.2 泊松比模型

按照获得的泊松比参数，建立了岩层的泊松比参数数值模型如图 3-9 所示。图中下部黑色部分为煤层，泊松比为 0.21，上部灰色部分为顶板岩层，泊松比为 0.25。

3.2.2.3 三向地应力模型

按照获得的三向地应力参数，建立了岩层的地应力模型，三向地应力分别为：垂向地应力、最大水平地应力、最小水平地应力（图 3-10~图 3-12）。图中下部为煤层，上部为顶板岩层。垂向地应力根据岩石密度累计计算所得，最小水平主应力为垂向地应力的 1.2 倍，最大水平主应力为最小水平主应力的 1.5 倍计算，模型各向地应力大小见表 3-8。

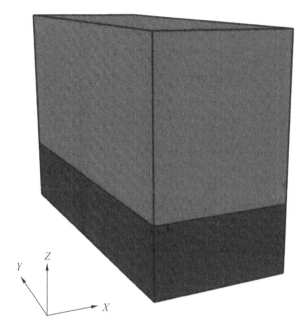

图 3-9　泊松比参数数值模型

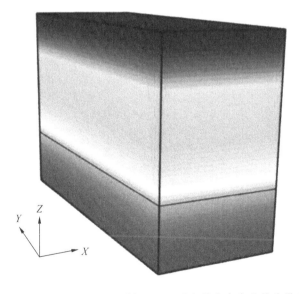

图 3-10　垂向地应力参数数值模型

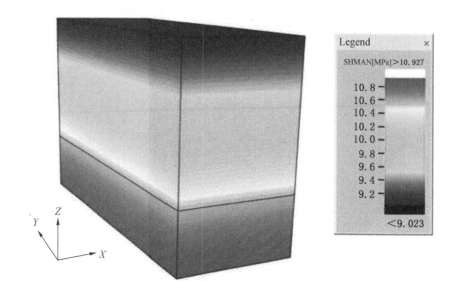

图 3-11 最大水平主应力参数数值模型

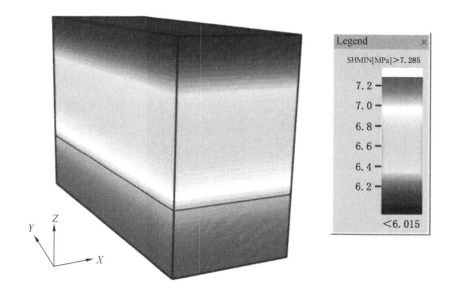

图 3-12 最小水平主应力参数数值模型

表3-8　三向地应力模型设置　　　　　　　　　　　　MPa

属　　性	参　　数
垂向地应力	5.013~6.071
最小水平主应力	6.015~7.285
最大水平主应力	9.023~10.927

3.2.2.4　煤层及顶板初始层理弱面/天然裂缝模型

按照现场资料及已公开发表的资料，获得区块内的储层节理弱面、天然裂缝的展布情况（表3-9），建立了煤层及顶板初始弱面/天然裂缝的模型，如图3-13所示。天然裂缝分为两组，即，节理和割理，节理裂缝密度稍大于割理，且节理与割理产状为正交关系。同时，顶板裂缝发育远小于6号煤层。

表3-9　煤层及顶板初始节理弱面、天然裂缝展布

裂缝类型	层位	倾角/(°)	走向/(°)	线密度/m⁻¹	缝长/m	缝高/m	开度/mm
节理	顶板	90.00	45.00	8.00	1~5	0.1~0.5	0.1~1.0
	6号煤	90.00	45.00	80.00	1~5	0.1~0.5	0.5~2.0
割理	顶板	90.00	−45.00	5.00	1~5	0.1~0.5	0.1~1.0
	6号煤	90.00	−45.00	60.00	1~5	0.1~0.5	0.5~2.0

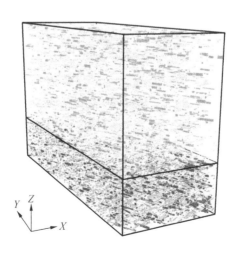

图3-13　煤层及顶板初始弱面/天然裂缝模型

3.2.2.5 压裂注水孔眼模型

按照典型的施工方案，设置了注水孔眼模型，如图3-14所示。注水孔眼高度为煤层中部，距煤层底部8 m，两个孔眼间距为8 m。1号孔眼洞口坐标为（10，0，8），倾角为23°，孔眼长度为63.3 m，2号孔眼洞口坐标为（18，0，8），倾角为52°，孔眼长度为47.1 m。两个注水孔眼均采用裸眼设计。

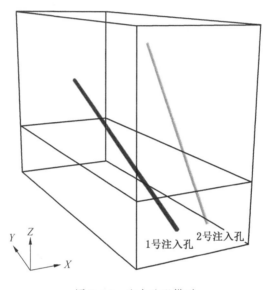

图3-14 注水孔眼模型

3.3 煤层及顶板钻孔压裂改造参数优化

3.3.1 标准注入方案模拟及模型标定

目标区域6号煤层及其顶板钻孔压裂改造采用双倾角注水孔眼设计，裸眼完井方式，对各孔眼进行注水压裂改造，旨在激活煤层中的节理和割理，疏松煤层，降低煤层强度，提高采煤效率，同时，释放顶板应力，保证采煤安全。本次注水压裂采用笼统压裂方法，施工排量为0.22 m³/min，施工液量为6.6 m³，施工压力为24 MPa，主要模拟参数见表3-10。

本次模拟实验选用一组注水孔眼单元，即相邻的两种倾角注水孔眼，模拟结果如图3-15、图3-16所示。由图可以看出，两个孔眼中水力主裂缝为水平缝，分支裂缝由垂向节理和割理连接扩展形成。其中，1号孔眼（低倾角）的裂缝主要在下部煤层扩展，而2号孔眼（高倾角）的裂缝主要在上部顶板中扩展。

表3-10　标准组注水压裂主要模拟参数

组序号	属性	施工排量/ (m³·min⁻¹)	施工液量/ m³	施工压力/ MPa	顶板			6号煤		
					抗拉强度/ MPa	内聚力/ MPa	内摩擦角/ (°)	抗拉强度/ MPa	内聚力/ MPa	内摩擦角/ (°)
1-1	参数	0.22	6.6	24	4.86	9.25	29.59	0.74	20.20	26.35

　　由于模型中注水孔眼采用裸眼完井方式，裂缝起裂点随机选择，且1号注水孔眼倾角较小，6号煤层中孔眼段较长，该段裂缝起裂概率相对较大，因此，该孔眼裂缝主要在煤层中扩展。同时煤层段节理、割理相对发育，且煤层弹性模量相对较小，形变量相对较大，因此，裂缝扩展以分支裂缝为主，主裂缝不明显，这符合煤层裂缝扩展规律。而2号注水孔眼倾角相对较大，顶板中孔眼段较长，因此，该孔眼在顶板中裂缝起裂概率相对较大。同时，顶板主要的砂岩或砂泥岩，天然裂缝发育层度相对较弱，且弹性模量相对较大，顶板形变量相对较小，

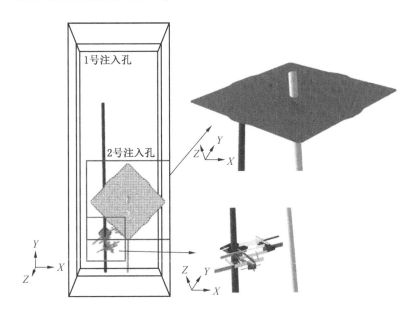

图3-15　标准组模拟计算结果的俯视图

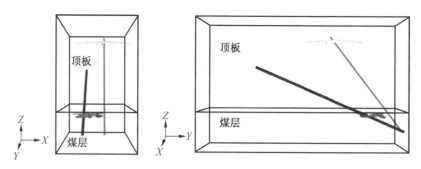

图3-16 计算结果的正视图与侧视图

主裂缝扩展尺寸相对较大，分支裂缝扩展较小，这符合砂岩压裂裂缝扩展规律，也达到了释放顶板应力的目的。

模拟注水压裂裂缝的几何参数和裂缝数量参数见表3-11。

表3-11 不同井的裂缝扩展范围和裂缝总数量

注水孔号	主 裂 缝		分 支 裂 缝			
	长/m	宽/m	长/m	宽/m	高/m	裂缝数量/条
1号注水孔	4.5	4.5	12.6	10.9	2	37
2号注水孔	23.5	23.5	3.8	8.5	1.1	5

从主裂缝扩展几何尺寸可知，1号和2号注水孔主裂缝长度分别为4.5 m和23.5 m，即主裂缝半长为2.25 m和11.75 m，分支裂缝扩展长度分别为12.6 m和3.8 m，分支裂缝数量分别为37条和5条，模拟结果与现场监测结果基本保持一致。可见煤层中主裂缝扩展不明显，分支裂缝扩展较为充分，而顶板中主裂缝扩展明显，而分支裂缝扩展范围较小，且裂缝数量较少。

因此本次模拟结果符合现场施工测试结果和注水压裂改造施工认识，同时，满足施工模拟要求。

3.3.2 注入总液量优化

基于现场施工设备条件和该区块施工经验，在排量相同的情况下，设置了多组施工注入总液量（2、4、6、8、12、16、20 m³）作为变量（表3-12），得到了1号注水孔眼处的裂缝扩展模式，获得了不同注入总液量下的裂缝几何尺寸参数和裂缝总数量。

表 3-12 考虑注入总液量的模拟实验方案

序号	注入总液量/m³	序号	注入总液量/m³
2-1	2	2-5	12
2-2	4	2-6	16
2-3	6	2-7	20
2-4	8		

1 号注水孔眼不同注入液量条件下裂缝扩展模拟结果如图 3-17 所示，可以

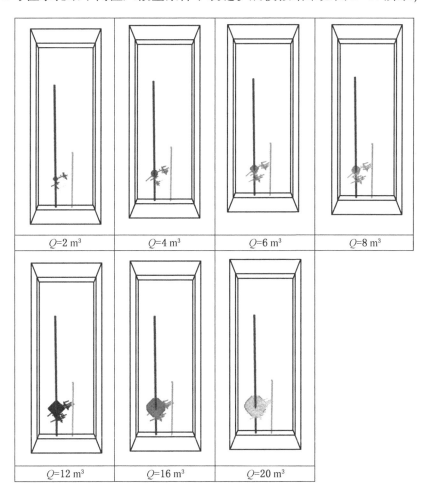

图 3-17 不同注入总液量下裂缝扩展模拟结果图

看出，水力裂缝均在煤层扩展，随着注入总液量的增大，裂缝扩展规模逐渐增大，但施工液量大于 6 m³ 后，裂缝扩展范围变化量逐渐减小。

1 号注水孔眼注水压裂模拟主裂缝及分支裂缝扩展统计结果见表 3-13，可以看出，随着施工液量增大，主裂缝和分支裂缝扩展范围逐渐增大，裂缝总数量也随着施工总液量持续增加，符合相应现场施工规律。

表 3-13　不同注入液量下裂缝的尺寸和裂缝总数量

组序号	施工总液量/m³	主裂缝		分支裂缝			
		长/m	宽/m	长/m	宽/m	高/m	裂缝数量/条
2-1	2	2.5	2.5	9.7	10.4	1.6	16
2-2	4	3.5	3.5	11.7	10.6	2	27
2-3	6	4.5	4.5	12.6	10.9	2	37
2-4	8	4.5	4.5	12.6	10.9	2	37
2-5	12	8.5	8.5	13.4	10.9	2.2	38
2-6	16	9.5	9.5	13.4	10.9	2.2	38
2-7	20	11.5	11.5	13.4	10.9	2.2	38

主裂缝的长度与施工总液量对比关系变化如图 3-18 所示，可以看出，整体主裂缝长度随着总液量增大而增大。对于分支裂缝而言，当施工液量小于 6 m³

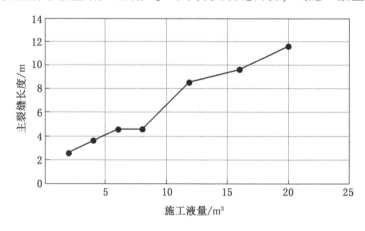

图 3-18　主裂缝的长度与施工总液量对比

时，分支裂缝扩展长度增加速度较为明显，而施工液量大于 6 m³ 时，分支裂缝扩展长度变化不明显（图 3-19）。随着施工液量的增大，分支裂缝数量逐步增加，但考虑煤层涌水量相对较大，在达到最优的裂缝扩展范围后，不宜采用较大的施工液量，减小后期排水工作量，因此，裂缝扩展数量可不作为主要参考量。

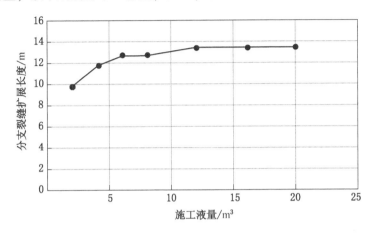

图 3-19　分支裂缝的长度与施工总液量对比

在相同的压裂规模的情况下，为降低施工成本，减小后期煤层开挖过程中排水工作量，可以选择较小液量，因此，最优的施工液量为 6 m³ 左右。

3.3.3　注水孔眼间距优化

本次模拟实验中采用双倾角孔眼改造方法，孔眼间距与水力裂缝扩展范围及裂缝扩展位置直接相关。在本次模拟实验中，1 号注水孔眼水力裂缝主要在煤层中扩展，且主要为分支裂缝；而 2 号注水孔眼水力裂缝主要在顶板中扩展，且主要为主裂缝，分支裂缝较小，相邻孔眼之间裂缝贯穿概率相对较小，同时当裂缝贯穿时，影响作用相对较小。因此，本次注水孔间距主要依据煤层中裂缝扩展范围判断，即 1 号注水孔眼压裂改造范围。

裂缝扩展参考 3.3.2 节中，不同施工液量条件下，主裂缝尺寸相对较小，为 2.0~11.5 m，分支裂缝扩展长度则相对较大，为 9.7~13.4 m。当施工液量大于 6 m³ 时，分支裂缝扩展范围变化不明显，基本在 13 m 左右，因此，在本次模拟实验中，最优的分支裂缝扩展范围约为 13 m。同时，考虑注水孔眼两侧裂缝非均匀扩展，需在目前分支裂缝扩展长度基础上增加一定的安全距离，因此本次模拟实验最优的相同倾角孔眼之间距离为 16 m，相邻两孔之间距离为 8 m。

3.3.4 注入排量优化

基于现场施工设备条件和该区块施工经验，在总液量相同情况下，设置了多组施工排量（0.1、0.2、0.4、0.6 m³/min）作为变量（表3-14），得到了1号注水孔眼的裂缝扩展情况。

表3-14　考虑注入排量的模拟实验方案

序号	注入总液量/(m³·min⁻¹)	序号	注入总液量/(m³·min⁻¹)
3-1	0.1	3-3	0.4
3-2	0.2	3-4	0.6

不同施工排量条件下1号注水孔眼裂缝扩展模拟结果如图3-20所示，可以看出，该注水孔眼处水力裂缝均在煤层扩展，随着排量的增大，裂缝扩展范围先增大后减小，当施工排量为0.2 m³/min时，裂缝扩展范围最大。

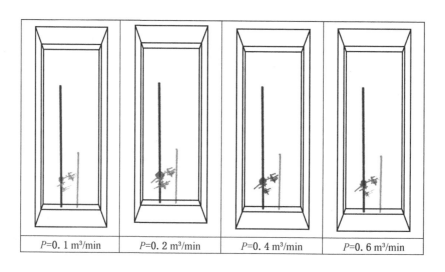

| $P=0.1$ m³/min | $P=0.2$ m³/min | $P=0.4$ m³/min | $P=0.6$ m³/min |

图3-20　不同排量下裂缝扩展模拟结果图

不同注入排量下的裂缝几何尺寸参数和裂缝总数量统计结果见表3-15，从裂缝的几何尺寸来看，随排量增大，主裂缝尺寸从2.5 m增大到4.5 m，之后减小至3.0 m。而随着施工排量的增大，分支裂缝扩展长度从10.3 m增大到12.6 m，当排量大于0.2 m³/min，分支裂缝无明显变化。从裂缝总数量可以看出，排量为 0.1 m³/min 时，裂缝数量为 23 条，随着排量增大，裂缝数量逐渐增大，最大为 37 条，但排量超过 0.2 m³/min 后，裂缝数量略有下降。

表 3-15　不同排量下裂缝的尺寸和裂缝总数量

组序号	排量/ (m³·min⁻¹)	主裂缝尺寸/m		分支裂缝尺寸			裂缝数量/条
		长	宽	长	宽	高	
3-1	0.1	2.5	2.5	10.3	10.6	1.9	23
3-2	0.2	4.5	4.5	12.6	10.9	2.0	37
3-3	0.4	3.5	3.5	12.6	10.9	2.0	28
3-4	0.6	3.0	3.5	12.6	10.9	2.0	25

由于煤层渗透性相对较好，弹性模量相对较小，因此，施工排量越小，煤层中压裂液滤失效率越小。当施工排量过小时，液体滤失速率较小，但施工时间较长，因此，压裂液总滤失量相对较大，分支裂缝扩展范围较小，裂缝数量较少。而当施工排量过大时，可激活更多的水力裂缝，但液体滤失速率较大，且水力裂缝缝宽较大，因此，水力主裂缝尺寸和分支裂缝数量逐渐减小。

因此，考虑注水压裂改造效果及压裂液的有效性，本次模拟中最优的施工排量为 0.2 m³/min 左右。

3.3.5　钻孔倾角优化

基于该区块施工经验和钻孔模式，在总液量和排量相同的情况下，以 1 号注水孔眼为参照，2 号孔眼设置了多组不同倾角组合形式作为变量（表 3-16），模拟两口井的裂缝扩展模式。

表 3-16　钻孔倾角与长度的不同组合形式

组序号	2 号井倾角/(°)	2 号井孔长/m
4-1	12	65
4-2	22	62
4-3	32	62
4-4	42	55
4-5	52	47
4-6	62	42

不同注水孔眼倾角条件下，两口井裂缝扩展模拟结果如图3-21所示，可以看出，2号注水孔眼裂缝扩展主要分为两种情况，当2号注水孔眼倾角较小（12°组、22°组）时，裂缝在煤层扩展；而倾角较大时（32°、42°、52°、62°）时，裂缝在顶板扩展，且不同扩展模式下，裂缝尺寸相差较大。

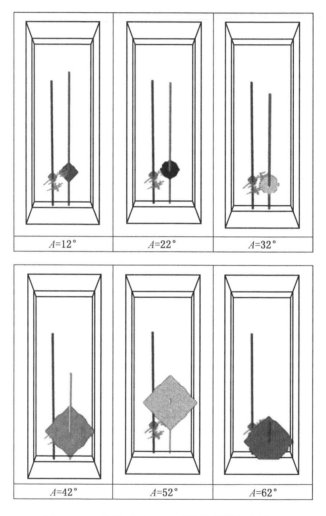

图3-21　不同倾角组合下裂缝扩展模拟结果图

从获取的裂缝尺寸和裂缝数量来看（表3-17），2号孔眼倾角较小时（12°~32°），主裂缝和分支裂缝整体扩展范围为9~10 m，且在煤层中扩展，存在与1

号孔眼中裂缝串通的风险，这样会增加施工风险，降低施工效果。2号孔眼倾角大于42°时，裂缝主要在顶板中扩展，且以主裂缝为主，分支裂缝数量相对较小，此时不同注水孔眼倾角条件下，主裂缝尺寸差异不大。但顶板压裂时，主要目的在于释放顶板应力，防止煤层开挖过程中，应力变化造成顶板坍塌，同时还需保证顶板整体稳定性，分支裂缝不宜太多。但2号孔眼倾角为62°时，由于孔眼与工作面距离较短，裂缝可能会穿透至工作面，从而增加施工风险。因此，本次模拟中优选2号注水孔眼倾角为52°左右。

表3-17 不同倾角组合下裂缝尺寸和裂缝数量

组序号	孔眼倾角/ (°)	主裂缝尺寸/m		分支裂缝尺寸/m			裂缝数量/条
		长	宽	长	宽	高	
4-1	12	9.5	9.5	5.4	7.1	1.3	9
4-2	22	9.5	9.5	4.6	3.9	1.1	7
4-3	32	9.5	9.5	5.5	3.1	0.6	3
4-4	42	23.5	23.5	6.0	8.1	1.3	7
4-5	52	23.5	23.5	3.8	8.5	1.1	5
4-6	62	23.5	20	1.4	0.6	1.0	1

3.3.6 煤层弹性模量对比

基于该区块实际地层情况，在总液量和排量相同的情况下，设置了4组不同煤层弹性模量作为变量（表3-18），得到了1号注水孔眼的裂缝扩展模式（图3-22），获得了不同弹性模量条件下的裂缝几何尺寸参数和裂缝总数量(表3-19)。

表3-18 不同煤层弹性模量下实验模拟组

组序号	地层弹性模量/GPa	组序号	地层弹性模量/GPa
5-1	1.5	5-3	3.5
5-2	2.5	5-4	4.5

从压裂裂缝扩展的不同组压裂改造规模上看，当弹性模量较小时，煤层形变

量较大，裂缝缝宽较大，因此，主裂缝及分支裂缝扩展范围相对较小，压裂总改造体积越小。随着煤层弹性模量的增大，裂缝扩展范围逐渐增大，分支裂缝数量逐渐增加，压裂改造体积逐渐增大。因此，为了增加注水孔眼压裂改造效果，建议选择弹性模量较大的煤层施工。

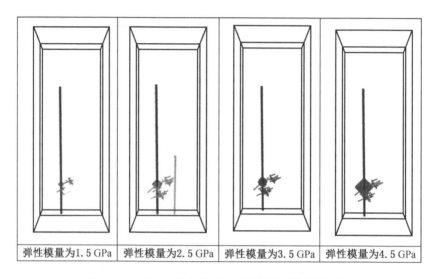

| 弹性模量为1.5 GPa | 弹性模量为2.5 GPa | 弹性模量为3.5 GPa | 弹性模量为4.5 GPa |

图 3-22　不同地层弹性模量下裂缝扩展模拟结果图

表 3-19　不同弹性模量条件下的裂缝几何尺寸和裂缝总数量统计

组序号	弹性模量/GPa	主裂缝尺寸/m		分支裂缝尺寸/m			裂缝数量/条
		长	宽	长	宽	高	
5-1	1.5	2.5	2.5	10.3	10.4	1.8	17
5-2	2.5	4.5	4.5	12.6	10.9	2	37
5-3	3.5	4.5	4.5	13.4	10.9	2.2	38
5-4	4.5	8.5	8.5	13.4	10.9	2.2	38

3.4　煤层及顶板钻孔压裂施工模拟

3.4.1　现场压裂施工模型建立

本书详细讨论了官板乌素煤矿 6 号煤层及其顶板钻孔压裂施工方案，为了研究该方案实际施工过程中注水裂缝扩展情况，本节根据地层参数及实际施工方案，考虑模型计算时效性，重新建立包含 11 个注水孔眼的 6 号煤层及其顶板地质力学模型（图 3-23）。

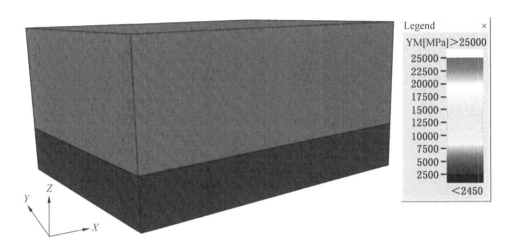

图 3-23　6 号煤层及其顶板弹性模量模型

模型尺寸为 100 m×80 m×50 m，其中煤层厚度为 15 m，顶板厚度为 35 m，煤层底部深度为 250 m，模型单元尺寸为 1 m×1 m×1 m，模型网格数量为 100×80×50。地层岩石力学参数、地应力参数及层理裂缝参数与 3.2.1 节中保持一致，图为 6 号煤层及其顶板弹性模量模型。

按照现场施工方案制定了压裂施工模拟参数（表 3-20），本模型中共设计注水孔眼 11 个，倾角分别为 23°、52°，注水孔眼长度分别为 63 m、47 m，两种孔眼间隔排布，孔眼间距为 8 m。其中各注水孔眼采用分段注水压裂工艺，首个压裂段距孔眼底部 2 m，各压裂段间距为 3 m，各注水压裂段段长为 1 m，各注水孔眼共 6 个压裂施工段，孔眼空间排布如图 3-24、图 3-25 所示。

表 3-20　现场井组分段压裂施工模拟参数

孔眼数量	倾角/(°)	孔眼长度/m	注水工艺	分段压裂间隔/m
11	23、52	63、47	分段注水压裂	3

本次注水压裂施工排量为 0.22 m³/min，各施工段注水液量为 6.6 m³，各注

水孔眼注水液量合计为 39.6 m³，施工压力为 24 MPa，主要模拟参数与前述保持一致。

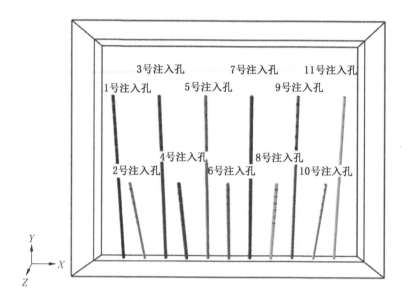

图 3-24　6 号煤层及其顶板注水孔眼分布俯视图

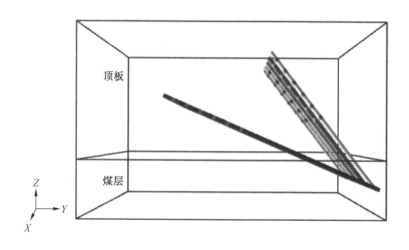

图 3-25　6 号煤层及其顶板注水孔眼分布侧视图

3.4.2 现场压裂施工首井压裂模拟结果

图 3-26 所示为 1 号注水孔眼注水压裂裂缝扩展模拟结果，其模拟统计结果见表 3-21。可以看出，由于该注水孔眼分段压裂位置限制，水力裂缝主要分布在顶板中。水力主裂缝为水平裂缝，各压裂段水力主裂缝垂向间距约为 1.6 m，

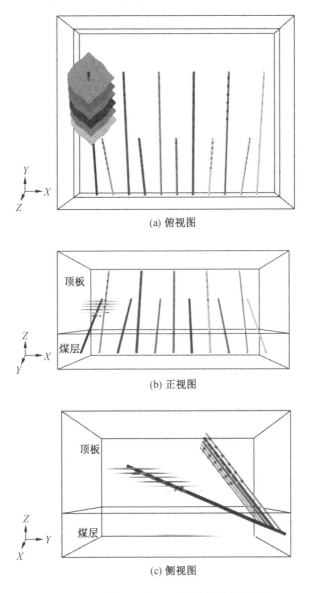

(a) 俯视图

(b) 正视图

(c) 侧视图

图 3-26　1 号孔眼注水压裂裂缝扩展模拟结果

裂缝扩展长度及扩展宽度为 23.5 m，形成的 6 条水力主裂缝各自独立扩展。该注水孔眼 6 段压裂施工形成的分支裂缝扩展长度为 10.9 m，扩展宽度为 21.9 m，扩展高度为 8.8，分支裂缝数量为 16 条，平均每条水力主裂缝连通的分支裂缝数量为 2~3 条，分支裂缝数量较少。

表3-21　1号孔眼注水压裂裂缝扩展模拟统计结果

组序号	主 裂 缝			分 支 裂 缝			
	长/m	宽/m	裂缝数量/条	长/m	宽/m	高/m	裂缝数量/条
6-1	23.5	23.5	6	10.9	21.9	8.8	16

3.4.3　现场压裂施工第二个钻孔压裂模拟结果

图 3-27 所示为 2 号注水孔眼注水压裂裂缝扩展模拟结果，其模拟统计结果见表 3-22。裂缝扩展情况与 1 号注水孔眼基本一致，水力裂缝主要在顶板中扩展。但由于该孔眼倾角相对较大，因此，水力主裂缝之间垂向间距相对较大，约

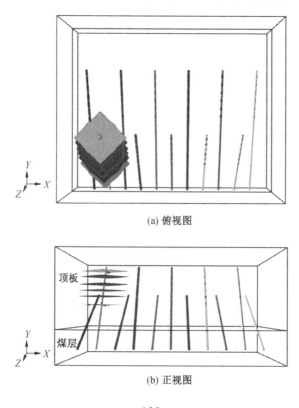

(a) 俯视图

(b) 正视图

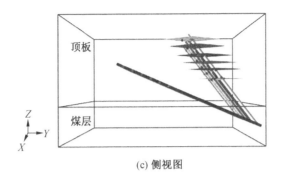

(c) 侧视图

图 3-27 2 号孔眼注水压裂裂缝扩展模拟结果

2.9 m，分支裂缝扩展高度相对较高，约 17.6 m，该孔眼各注水压裂段之间分支裂缝串通概率相对较小。

表 3-22 2 号孔眼注水压裂裂缝扩展模拟统计结果

组序号	主 裂 缝			分 支 裂 缝			
	长/m	宽/m	裂缝数量/条	长/m	宽/m	高/m	裂缝数量/条
6-2	23.5	23.5	6	10.2	17.9	17.6	15

3.4.4 现场压裂施工大型钻孔分段压裂整体模拟结果

图 3-28 所示为模型 11 个注水孔眼注水分段压裂裂缝扩展模拟结果，其模拟统计结果见表 3-23。可以看出，水力裂缝均在顶板岩层中扩展，水力主缝为水平缝，各孔眼各压裂段水力主缝扩展尺寸基本一致。不同倾角孔眼水力裂缝之间

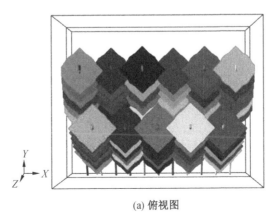

(a) 俯视图

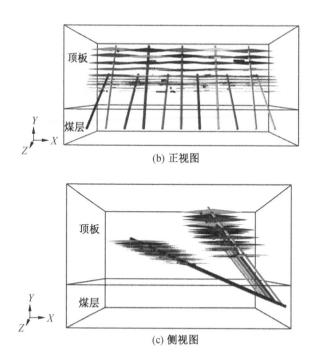

(b) 正视图

(c) 侧视图

图3-28 各孔眼注水压裂裂缝扩展模拟结果

在顶板中均匀分布，相互无沟通，但相同倾角孔眼之间水力裂缝有约 8 m 的重叠区，存在串通风险。各注水孔眼分支裂缝扩展长度约 7.7~13.2 m，扩展宽度约 13.8~26.8 m，扩展高度约 7.3~17.6 m，分支裂缝数量约 9~31 条。

表3-23 各孔眼注水压裂裂缝扩展模拟统计结果

组序号	孔眼编号	主裂缝			分支裂缝			
		长/m	宽/m	裂缝数量/条	长/m	宽/m	高/m	裂缝数量/条
6-1	1	23.5	23.5	6	10.9	21.9	8.8	16
6-2	2	23.5	23.5	6	10.2	17.9	17.6	15
6-3	3	23.5	23.5	6	11.2	19.1	8.4	14
6-4	4	23.5	23.5	6	11.9	17.8	16.7	19
6-5	5	23.5	23.5	6	14.1	26.8	9.2	26

表 3-23（续）

组序号	孔眼编号	主裂缝			分支裂缝			
		长/m	宽/m	裂缝数量/条	长/m	宽/m	高/m	裂缝数量/条
6-6	6	23.5	23.5	6	11.9	13.8	13.7	9
6-7	7	23.5	23.5	6	13.1	26.1	8.2	21
6-8	8	23.5	23.5	6	11.8	18.2	17.3	16
6-9	9	23.5	23.5	6	7.7	19.4	7.3	16
6-10	10	23.5	23.5	6	13.2	15.6	16.8	31
6-11	11	23.5	23.5	6	13.1	22.6	8.2	15

整体而言，该注水压裂方案能较好地切割顶板岩层，释放顶板应力，降低后期煤层开采风险。

4 水力压裂顶板控制工艺技术研究

4.1 概述

水力压裂控顶技术是在水力压裂技术的基础上提出来的,可使坚硬煤岩层提前压裂弱化,破坏其完整性,进而削弱煤岩层的强度和整体性,使特厚坚硬煤岩层能够垮落,缩短来压步距,提升顶煤冒放性,达到减小或消除坚硬难垮煤岩层对工作面回采危害的目的。另外,该技术还可削弱或转移巷道周围的高应力区,达到为动压巷道卸压的目的。

顶板岩层的地质力学参数是实施水力压裂设计和施工的基础。地应力场是进行水力压裂设计的参数之一,地应力的方向决定了水力压裂裂纹的扩展方向,地应力的大小则决定了裂纹的起裂与扩展压力,因此,地应力测量是进行水力压裂设计的基础。顶板中岩层分布及原生节理、裂隙会对水力压裂压力以及裂纹的起裂及扩展产生较大的影响;此外,岩体强度是决定水力压裂泵压的重要参数。因此,进行顶板岩层地质力学测试是进行水力压裂设计和作业的基础,有必要对煤矿顶板岩层进行详细的地质力学测试,为顶板岩层的压裂设计提供重要依据。

4.2 顶板岩层地质力学测试技术

4.2.1 顶板岩层强度测试

4.2.1.1 现有围岩强度测量方法评述

围岩强度测量主要有两种方法:实验室试验与现场原位测量。

1. 实验室岩块强度测试

岩块一般是指从岩体中取出的、尺寸不大的岩石。它由一种或几种矿物组成,具有相对的均匀性。由于尺寸比较小,其中不可能有大的地质构造的影响。实验室试验的试件是岩块的一种。

单轴抗压强度是最常用的岩石强度指标。岩石变形特征与强度特征的实验室测定同岩体特征的现场测定相比测得的数据比较准确。但是,由于需要经过收集岩样（如钻取岩芯、在工作面附近收集大块岩石），岩样包装与运输、岩样加工、岩样测试等过程，对试块的要求比较高，测试成本也比较高。同时，用岩石的特征指标描述或代表岩体特征的指标所产生的误差很大。这是因为：

（1）在实验室内试验，岩石试件所处的环境与它原来在地质体内的环境（如应力、温度、湿度等）截然不同。

（2）在制备试件过程中，石块很容易从弱面处断裂。因此，能够制成试件的岩石大都不包含明显的弱面。

（3）在软岩巷道或破碎带，特别是破碎的煤体，很难采样。

由于上述原因，在实验室得到的只是比较完整的不含明显弱面的非现场环境下的岩石特征指标，没有考虑到岩体的结构面对岩石物理性质的影响。因此对于工程设计来讲，这些物理力学参数与实际情况出入较大，直接应用于工程实践中将使工程施工偏于危险，安全状况得不到保障。事实上，大多数岩体都含有弱面或软弱夹层，而且在煤系地层中也经常遇到强度很低的岩石，如黏土岩、炭质页岩、煤等，都不易制备成岩石试件。显然，最好的办法是在现场测量岩体的各种指标，用以比较精确地描述岩体的性质。

2. 岩体强度原位测量

岩体强度原位测量方法有大尺寸压剪试验、冲击锤法、钻孔触探法等。

1）大尺寸压缩试验

在比较大的岩体单元中所进行的原位试验可以提供更详细和准确的有关岩体工程特征的信息。例如形变径向试验、大尺寸压力和剪切试验、形变模量的岩板试验。然而大型原位试验是一种费工时且耗资大的工作，这种试验只有在大型建筑工程中才能进行（地下水电站硐室、水坝、引水平硐、交通隧道等）。在煤矿，只有在新的、目前对其工程特点尚不清楚的矿山基本建设工程中才可以应用上述方法，例如新井建设、新水平开拓、井筒开凿、井筒附近的煤仓和硐室等。

2）冲击锤测定岩体强度

冲击锤法主要适用于岩体表面强度测量。冲击锤向岩石表面施加冲击，测定从该表面的回弹指数。这种仪器有一个壳体，冲击锤由壳体向外伸出，与被测岩石表面接触。在壳体内有一个轴向导杆，卡在下面弹簧的冲击体沿着导杆移动，冲击锤将冲击力加于冲杆套上部，然后通过冲头将能量传递到被测岩石。冲击后在岩石反作用力的作用下冲击锤反弹，在反弹的作用下指示针向上提起，在壳体纵向开口处即可读出回弹值。通过简单的换算，可以确定回弹指数与岩石强度参数之间的关系曲线。冲击锤在建筑工程中用于飞机跑道和高速公路的混凝土质检，在采矿工程中用于岩石强度参数测量。

3）钻孔触探仪测定岩体强度

在软弱破碎煤岩体中钻探岩芯采取率比较低，很难，甚至无法采用岩芯试验确定围岩强度，而在实际工程中最感兴趣的是软弱破碎煤岩体的变形与破坏。在这种情况下，钻孔测试法是一种比较适合煤矿井下顶板岩层强度的测量方法。钻孔触探法用于钻孔内表面岩壁的强度测量。

钻孔触探仪的一个最重要部件是探头，在液压系统液体压力作用下，从探头壳体伸出一个平头探针，压紧钻孔孔壁。继续加压，直到孔壁被压裂，同时记录临界压力值。通过简单的换算，即可得到煤岩体的单轴抗压强度。通常在一个断面上完成 3～4 个触点的测量，在钻孔轴方向相邻触点的间距一般为 30～50 cm。在特殊情况下每隔 2～5 cm 可以布置测点。大量的实测数据表明，该方法的测定结果是比较准确的。

4.2.1.2 钻孔触探法

上述围岩强度测量方法分析表明，实验室岩石力学试验只能测量完整岩块的物理力学指标，对于节理化、松软破碎煤岩体，由于取样、岩样加工存在很大困难，导致实验室试验难以实现。现场原位大尺寸压剪试验，由于时间长、耗资大，不能作为一种常规的围岩强度测量方法。冲击锤法只适用于岩体表面强度测量。钻孔触探法是一种比较适合煤矿井下围岩强度的测量方法。它具有以下优点：

（1）测定结果比较接近岩体。

（2）能够测出井下不能取样的软弱破碎煤岩体的强度。

（3）能够测出钻孔不同深度、不同层位煤岩体的强度及分布。

（4）仪器操作比较简单，可实现快速测量。

（5）与现场原位大尺寸压剪试验相比经济得多。

1. 测试原理

岩体强度的测定是在井下围岩钻孔中进行的（图 4-1）。探头内的活塞在高压油的驱动下发生移动，使端部探针压向钻孔孔壁。探针的位移由探针位移指示仪显示。在探针作用下的钻孔孔壁达到临界破坏压力之前，探针静止不动，随着压力的增加，探针作用在钻孔孔壁上的压力一旦达到其临界压力，孔壁岩体便被压坏，探针位移指示仪的微安表头指针突然跳动，此时手摇泵的压力表所记录的最高压力值读数即为测得的该点孔壁岩体的临界强度（P_m）。经过简单的换算，便可得到该点的岩体单轴抗压强度。

2. 围岩强度测量装置

1）围岩强度测量指标确定

根据煤矿井下特点，确定采用小孔径，研制便携式仪器，提高测量速度，实现快速测量。具体指标如下：

（1）测量钻孔直径（56±2）mm。

（2）最大深度 30 m。

（3）最大压力 140 MPa。

（4）正常情况下每一测站的测量时间不超过 3 h。

（5）测试精度能够满足支护设计的要求。

2）围岩强度测量系统组成

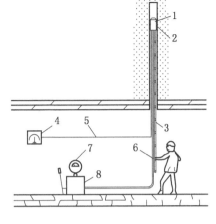

1—探头；2—探针；3—安装杆；4—探针
位移指示仪；5—电缆；6—高压胶管；
7—压力表；8—手动泵

图4-1 围岩强度测定原理示意图

根据上述测量指标，开发研制了 WQCZ-56 型小孔径井下围岩强度测定装置。该装置采用小直径钻孔（56 mm），可在井下进行快速、大面积围岩强度测量。该测试装置由以下部分组成（图4-2）。

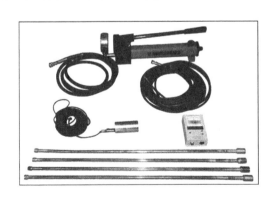

图4-2 WQCZ-56 型围岩强度测定装置

（1）54 mm 探头。

（2）便携式探针位移指示仪。

（3）安装杆。

（4）高压供油管路。

（5）高压手动泵。

探头主要由活塞、铁芯、线圈、探针、复位弹簧、探头体等构件组成。铁芯与活塞通过同步连杆连接以使铁芯与活塞同步动作。探头通过变接头、高压管与手动液压泵连接。

探针位移指示仪用于测量探头中活塞端部探针移动量。测量是利用电磁感应原理，将被测量的位移量变化通过电感线圈转换成电压变化。置于探头内的感应线圈与铁芯构成一个电感式传感器，当铁芯在活塞的联动下发生位移时，则与线圈的位置发生变化，而引起磁路中的磁阻变化，进而在探针位移指示仪内产生电位差，由微安表头指示出来。

手动液压泵选用 ENERPAC（恩派克），工作压力可达 70 MPa。

压力表选用 YS-100 型数字压力表，读数直观，具有压力峰值自动保持、欠电压报警等功能，为防爆型。

高压胶管采用内径为 4 mm 液压胶管，工作压力最大为 100 MPa，液压胶管长度为 20 m。

安装杆由标有 0~20 号、每节长度为 1 m 的 20 节空心钢管采用螺纹连接组成，用于测量时操纵（进、退、转向）探头。每节杆均刻有标尺，起点从探头触针的轴线计起，总长为 20 m。0 号杆端部配有螺帽，可与探头连接。

3. 测试方法

在井下顶板岩层中打好钻孔后，就可以进行围岩强度测定。探头及连接的液压管，应先在井上用 20 号机油充满。在观测地点将液压管与手动泵相连接。把电缆的另一头与探针位移指示仪上的传感器插座相连接。最后，用安装杆将探头装入待测钻孔并送至孔底，开始测定工作。

先将手动泵手轮拧到加压位置，启动手动泵，油压通过液压管传入探头内腔，探头活塞动作，探针外伸直到与孔壁接触，从探针位移指示仪上可读出探针外伸量。手动泵继续加压，当压力达到观测地点岩石临界强度时，可观察到微安表指针突然跳跃及压力表读数稍有下降，表明被测地点孔壁的岩石遭到破坏。同时，记录压力表记录下来的临界压力 P_m 值，则该点测定完毕。

为了测定整个钻孔长度上岩层的抗压强度，每隔 300~500 mm 取一个测试剖面，由安装杆的刻度进行指示。在每一个剖面上需测定三点，通过围绕钻孔轴心转动 120°实现。每个剖面三点临界压力值的算术平均值作为该剖面位置岩石的临界压力。全部测点测试完毕后，换算出各测试剖面的单轴抗压强度，并绘制强度沿钻孔深度的分布曲线。

4.2.2 围岩结构观测

岩体中存在许多不连续结构面，控制着岩体变形、破坏及其力学性质，而且岩体结构对岩体力学性质的控制作用远远大于岩石材料的控制作用。因此在岩体工程中，研究岩体的变形和力学性质前，必须对周围岩体的结构如层面、节理面进行详细的了解。

4.2.2.1 钻孔裂缝压印

这种方法通过裂缝的印痕获得钻孔圆柱壁裂缝图样。印痕的制取方法是将相应的人造材料贴压在钻孔壁上，然后将其提到地面上。在石油钻探工作中这种方法早就应用于水力压裂过程的鉴定中。在地质技术方面，适用于只能取得破碎岩芯的岩体。这种方法的基本原理是：将直径略小于钻孔直径的胶管下放到预先经过冲洗的钻孔段，胶管两端封密，一端与能输入压缩空气的管子连接。在将胶管放到钻孔之前，将胶管包上金属箔或蜡纸，或者从侧面贴上塑料薄膜，留出纵向间隙，利用弹性拉条或定卡将塑料薄膜或蜡纸固定在胶管上。准备完毕后，将其送到钻孔测试段，利用压缩空气使钻孔中的胶管膨胀，然后，放掉空气后将其提至地面，小心地将塑料薄膜取下，并保持从钻孔出来的方位。然后进行解释说明，并绘制裂缝图。

4.2.2.2 完整岩芯采取

传统的钻孔岩芯采取方法，在岩体比较破碎的情况下得到的岩芯是比较短且不规则的岩芯段，不能通过岩芯全面、准确地描述与分析断裂和裂缝的形态。为克服这一弊端，研究人员研制了一种采取完整岩芯的方法，可以得到完整岩芯，其段长相当于采取岩芯钻探器的长度。采取岩芯的步骤如下：

（1）先在岩体中打一大孔，然后在钻孔底打一个轴向超前钻孔（其直径小于大孔直径），并钻进到要取芯的长度。

（2）将锚杆（其端头可以起着岩芯定向作用）放入超前钻孔。

（3）将黏合剂（如水泥）送至大孔底，然后将黏合剂压入超前孔，将其灌满。

（4）待黏合剂硬化后用钻头钻进预定的岩段，然后将岩芯从钻孔的锚固段全部提出。

采取完整岩芯的方法在裂隙非常发育和风化非常严重的岩体中均获得了成功。利用这种方法可以直接观察岩芯上面的裂缝密度、方向、张开度和充填状况，从而对不连续面进行详细的鉴定。利用岩芯的外壳制作用于强度和形变试验的岩样，可以测定岩石的力学特性、断裂和裂缝的全部几何特征以及断裂的部分力学特性。

4.2.2.3　钻孔壁观察

利用钻孔窥视仪观测钻孔壁上的不连续面分布情况。目前用于煤矿井下围岩结构的钻孔窥视仪器主要有两种：光导纤维窥视仪和电子窥视仪。光导纤维窥视仪由光导纤维传送图像，通过目镜直接观察。该仪器还可与照相机等记录装置配套使用，记录观察结果。另一种是电子窥视仪，其工作原理是 CCD 摄像头将光线转变成电子信号，然后将影像显示于监视器上。光纤窥视仪的优点是轻便，用矿灯作为光源，使用灵活，尤其适用于煤矿井下。电子窥视仪的主要优点是比光纤窥视仪获得更高的解像度、更远的有效长度及更清晰的影像。

4.2.2.4　观察方法

在井下顶板打好钻孔后，利用地应力测孔就可以进行钻孔结构观察。首先将钻孔窥视仪插入钻孔中。利用钻孔窥视的连接杆慢慢将探头往孔深处抬送，有裂隙和结构处放慢速度，并观察和记录，结束后将窥视结果记录在表格中，并对其进行处理和分析。

4.2.3　顶板岩层地应力测量

水力压裂裂缝扩展行为主要取决于地应力大小和方向。因此，准确、方便地测试地应力，并运用于压裂设计中，可显著提高压裂效果。

由于地球内部温度造成的地幔物质对流、地球自转速度的变化等原因使地壳物质产生了内应力效应，这种应力称为地应力。作为地球表层的物质（岩石）中地应力是客观存在的，它是在某种变化作用下产生并保存的。研究岩石内的应力特征，对工程建设十分重要。

早在 20 世纪 30 年代，为了工程的需要就已开展了岩石应力测量工作，如 1932年美国胡佛水库坝下的一个隧道中的应力测量被称为最早成功的应力测量。1958 年哈斯特在斯堪的那维亚半岛取得了地壳浅部应力状态的第一批资料，改变了人们关于地应力的认识，对地壳结构和运动的研究产生重大影响。目前世界上已有几十个国家开展了地应力测量工作，测量方法有十余类，测量仪器达百种。

我国的地应力测量工作是在李四光教授的倡导下于 20 世纪 60 年代初期开展

起来的。最初由国家地震局地壳应力研究所与地质科学院地质力学研究所联合从瑞典引进哈斯特压磁应力计。我国现已掌握了世界上现行的主要的地应力测量方法，无论在测量传感器研制上，还是在计算方法的改进，以及观测仪器的研制上，都做了大量工作，地应力测量已在我国地震、地质、石油、水电等部门得到广泛的应用。

根据国内外多数人的观点，依据测量基本原理的不同，将测量方法分为直接法和间接法两大类。

直接测量法是由测量仪器直接测量和记录各种应力量，如补偿应力、恢复应力、平衡应力，并由这些应力量和原岩应力的相互关系，通过计算获得原岩应力值。在计算过程中并不涉及不同的物理量的相互换算，不需要知道岩石的物理力学性质和应力应变关系。扁千斤顶法、水压致裂法、刚性包体应力计法和声发射法是实际测量中较为广泛应用的四种直接测量法。

在间接测量法中，不是直接测量应力，而是借助某些传感元件或某些媒介，测量和记录岩体中某些与应力有关的间接物理量的变化，如岩体中的变形或应变，岩体的密度、渗透性、吸水性、电磁、电阻、电容的变化，弹性波传播速度的变化等，然后由测得的间接物理量的变化，通过已知的公式计算出岩体中的应力值。因此，在间接测量法中，为了计算应力值，首先必须确定岩体的某些物理力学性质以及所测物理量和应力的相互关系等。套孔应力解除法和其他的应力或应变解除法以及地球物理方法等是间接法中较常用的方法。

水压致裂地应力测量方法是近年来发展起来的。这种方法近几年发展比较快。它可以直接测量地应力，测得的地应力数值比较准确。水压致裂法有以下优点：

（1）能测量较深处的绝对应力状态。

（2）它是最直接的测量方法，无须了解和测定岩石的弹性模量，甚至连岩石的抗张强度也可以用水压曲线求出，最小主应力值完全与岩石力学参数无关。

（3）与套芯应力解除法相比，水压致裂测量应力的空间范围较大，受局部因素的影响较小。

（4）不需要套芯工序，可利用其他工程的勘探孔进行压裂。

4.2.3.1 测点布置

每个测点布置1个钻孔。钻孔有以下要求：

（1）钻孔直径：钻孔直径为（56±2）mm，采用 ϕ56 mm 的标准钻头钻进。

（2）钻孔位置：孔中心线铅垂布置。

（3）钻孔深度：钻孔深度为：（20000±50）mm。

（4）采集岩芯：钻孔时要尽量取岩芯，并做岩性描述，量取岩芯采取率，以便分析岩石的完整性。

4.2.3.2　测试仪器

采用 SYY-56 型水压致裂地应力测量装置进行本次地应力测试。该装置是目前国内唯一的一台小孔径水压致裂地应力测量仪。采用小孔径钻孔（ϕ56 mm），可在井下进行快速、大面积地应力测量。同一钻孔还可以用于围岩强度测量。该仪器由分隔器、印模器、定位器、手动泵、储能器、隔爆油泵及记录仪等部件组成。轻便灵巧，性能稳定。非常适合井下快速测量工作。

4.2.3.3　测试原理

水压致裂应力测量一般分为平面应力测量和三维应力测量。就平面应力测量而言，它的三个基本假设条件为：①岩石呈线弹性且各向同性；②岩石是完整的、非渗透性的；③岩石中主应力之一的方向和钻孔轴平行。因此，水压致裂的力学模型可简化为一个平面问题，即相当于两个垂直水平应力 σ_1 和 σ_2 作用在一个半径为 a 的圆孔的无限大平面上（图 4-3），根据弹性力学计算可知，孔壁夹角为 90° 的 A、B 两点的应力计算公式如下：

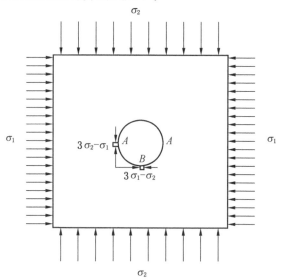

图 4-3　水压致裂应力原理图

$$\sigma_{\mathrm{A}} = 3\sigma_2 - \sigma_1 \tag{4-1}$$

$$\sigma_{\mathrm{B}} = 3\sigma_1 - \sigma_2 \tag{4-2}$$

若 $\sigma_1 > \sigma_2$，则 $\sigma_{\mathrm{A}} < \sigma_{\mathrm{B}}$，因此，在圆孔内施加的液压大于孔壁上岩石所承受的压力时，将在最小切向应力的位置上，即 A 点及其对称点 A' 点处产生张破裂，并且破裂将沿着垂直于最小压应力的方向扩展，此时把使孔壁产生破裂的外加液压 P_{b} 称为临界破裂压力，临界破裂压力等于孔壁破裂处的应力集中加上岩石抗张强度 T，即：

$$P_{\mathrm{b}} = 3\sigma_2 - \sigma_1 + T \tag{4-3}$$

此处设 σ_{h}、σ_{H} 分别为原地应力场中的最小和最大水平主应力。

在实际测量中被封隔器封闭的孔段，在孔壁破裂后，若继续注液增压，裂隙将向纵深处扩展，若马上停止注压并保持压裂系统封闭，裂隙将立即停止延伸，在地应力场的作用下被高压液体涨破的裂隙趋于闭合，我们把保持裂隙张开时的平衡压力称为瞬时关闭压力 P_{S}，它等于垂直裂隙面的最小水平主应力，即：

$$P_{\mathrm{S}} = \sigma_{\mathrm{h}} \tag{4-4}$$

如果再次对封闭段注液增压，使破裂重新张开时，即可得到破裂重新开的压力 P_{r}，由于此时岩石已经破裂，抗张强度 $T=0$，那么

$$P_{\mathrm{r}} = 3\sigma_{\mathrm{h}} - \sigma_{\mathrm{H}} - P_0 \tag{4-5}$$

可得到求取最大水平主应力 σ_{H} 的公式：

$$\sigma_{\mathrm{H}} = 3P_{\mathrm{S}} - P_{\mathrm{r}} - P_0 \tag{4-6}$$

垂直应力可根据上覆岩石的重量来计算：

$$\sigma_{\mathrm{v}} = \rho g H \tag{4-7}$$

式中　ρ——岩石密度；

　　　g——重力加速度；

　　　H——埋深。

根据上述理论和方法，我们就可以通过实测和相应的计算，得到测点的原岩应力场中的最大水平应力的数值和方位。

4.2.3.4　测试方法

1. 选取测试孔段

一般情况下，测试孔段的选取主要是根据岩芯完整程度，选择岩芯比较完整的孔段进行测量。

2. 钻杆泄漏试验

正式压裂以前，对所有的钻杆进行高压下的泄漏试验。对有轻微泄漏的钻杆及接头进行防漏处理或剔除，以保证试验的可靠性。

3. 压裂

待相关的准备工作结束，各种仪器、设备运转正常的情况下，将封隔器下到某一预选的孔段，用手动泵给封隔器注压，并保持在某一压力下（压力的高低视各方面条件来定），然后接通高压油泵，向压裂段注压，直到岩石破裂后关泵停止加压，待压力稳定后，使压裂管道的压力与大气接通，这样第一个回次的试验就结束了。

4. 重张试验

待压裂管道内的压力完全回零后，即可开始第二个回次的试验，直到第一次产生的破裂缝重新张开，其实时曲线表现为偏离线性关系，然后关泵，再继续记录一段压力随时间的衰减曲线后，将压裂管道与大气接通，使压力回零，一般情况下，重张试验需重复3~4次。

5. 印模

将带有罗盘定向装置的印模胶筒下到已经产生压裂缝的孔段，加压并保持一段时间，然后把它拿出孔外，把印模胶筒上的裂隙痕迹描在专用薄膜上，记录好相应的参数，以备室内整理。

4.3 水力压裂控制坚硬难垮顶板技术

水力压裂（Hydraulic Fracturing）是指裂缝由于其内部液体压力的作用而开裂并扩展的过程，由于应用领域的不同，有时也称作水压致裂或水力劈裂。水力压裂技术广泛应用于石油、天然气或地热的开采及增产、放射性废物的处置、地应力的测量等领域。

4.3.1 过程与压裂钻孔布置

水力压裂技术工艺是在顶板岩层钻孔预制横向切槽，控制水力压裂裂缝的扩展方向，然后采用小孔径跨式膨胀型封隔器对横向切槽段封孔，最后对该封孔段注入高压水，实施压裂，使水力裂缝在顶板岩层中大范围扩展，通过多次压裂作业，可显著削弱顶板的强度和整体性，使采空区顶板能够分层分次垮落，缩短初次来压和周期来压步距，达到减小或消除坚硬难垮顶板垮落对工作面回采危害的目的。

工艺过程如图4-4所示。首先利用横向切槽钻头在压裂孔坚硬段预制横向切槽（图4-4a），退出钻杆，利用智能钻孔电视成像仪观察开槽效果。然后利用注水管将跨式膨胀型封隔器推入钻孔切槽处，连接手动泵和胶管，对封隔器加压，从而达到对横向切槽段封孔的目的（图4-4b）。最后，连接高压注水泵、水压仪和注水管，对封隔段进行注水压裂，压裂过程中，利用水压仪监测泵压的变化（图4-4c）。

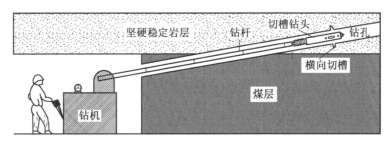

(a) 预制横向切槽

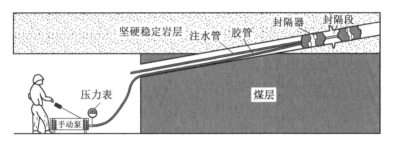

(b) 切槽段封孔

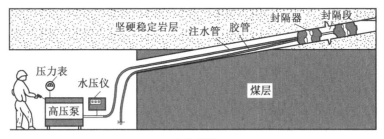

(c) 注水压裂

图4-4　工艺过程

工作面压裂钻孔通常布置在工作面开切眼和巷道。

巷道压裂钻孔的布置有单侧和双侧两种方式（与工作面长度有关，当工作面宽度大于 150 m 时，通常采用双侧布置形式；当工作面宽度不大于 150 m 时，通常采用单侧布置)，如图 4-5 所示。钻孔的布置形式根据工作面的宽度及钻机能力而定，双侧压裂时顶板弱化均匀，工作面中部钻孔位置较高，符合一般中部垮高大的规律，且封隔器推进距离短，易施工；单侧布置钻孔要求只在一条巷道钻孔即可，减少了工作量以及对生产带来的影响，但是钻孔比较长，对钻机要求高，对孔的直度提出更高的要求，孔的弯曲会使封隔器推进困难，增加施工难度；根据坚硬顶板的厚薄、层位的不同，钻孔布置还可采用多层布置。钻孔长度、仰角要根据岩层厚度、强度、地应力场和采高确定，钻孔倾角一般为 70°~75°。

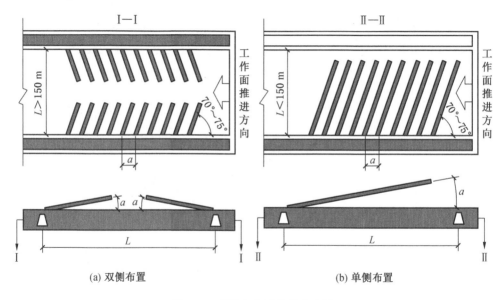

(a) 双侧布置   (b) 单侧布置

图 4-5 顶板水力压裂钻孔布置

通常在工作面开切眼向工作面推进方向布置压裂钻孔，如图 4-6 所示，钻孔参数根据顶板岩层厚度和强度、地应力场和采高确定。

孔距与压裂半径有关，一般情况下孔距可选择压裂直径的 3/4~2/3。

压裂效果与顶板水力压裂高度有直接关系，离煤层太近或太远均不利，而且离煤层的高度是不同的。压裂区应离煤层 5 m 以上，否则会造成顶板不易维护，压裂区的上限一般为 15~25 m，与采高和顶板活动规律相适应。

水力压裂保压持续时间的长短直接影响压裂效果，根据大同注水软化顶板经

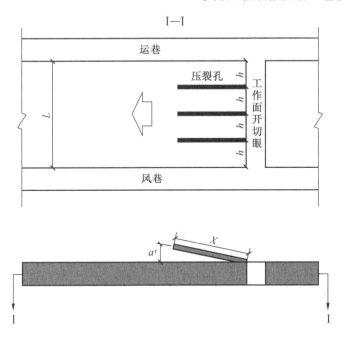

图 4-6 工作面开切眼压裂钻孔布置

验，在大同矿区后层砂岩顶板条件下，注水量一般为 200~350 m³/孔，砾岩孔则多一些，可达 1000 m³/孔，具体保压注入水量根据具体情况而定，若出现明显漏水或周围煤岩有渗水就应立即停止注水。

4.3.2 预制横向切槽

1921 年，Griffith 就从能量的角度分析了由于裂缝的存在而导致诸如玻璃、陶瓷等脆性材料的实际断裂强度要比用分子结构理论所预期的强度低得多的问题。为了提高低渗油藏的压裂及增产增注效果，常在目的层段使用定向射孔技术，射孔是沟通井筒与底层的通道，可以有效减小地层的破裂压力，从而降低压裂成本，还具有控制压裂裂缝扩展方向的作用。Hayashi.K 等提出在钻孔预制人造横向切槽时进行地应力测量，认为在人造横向切槽端部会产生应力集中，水力裂缝沿此处开始扩展，如图 4-7 所示。

基于以上研究，在坚硬难垮顶板钻孔压裂段预制人造横向切槽，可有效控制压裂效果，同时还可降低压裂成本。

因此，研制刀片要求能在单轴抗压强度为 100~150 MPa 的坚硬岩石中预制

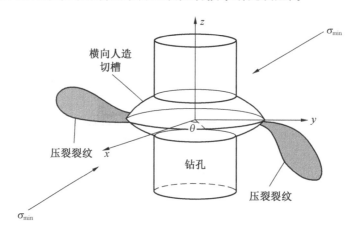

图 4-7　水力裂缝沿横向切槽扩展

横向切槽，要求其具有很高的强度、刚度，以及良好的耐冲击性能和耐磨性，预制切槽的半径约为钻孔直径的 2 倍。

　　首先利用大功率地质钻机、坚硬岩石专用钻头在需压裂的坚硬顶板上钻孔；然后换上横向切槽钻头，在钻孔的底部开一个直径约为孔径一倍的楔形槽，然后利用小孔径全景钻孔窥视仪进行钻孔窥视，观察开槽效果，最后用静压水冲洗钻孔，为下一步封孔做准备。

4.3.3　压裂段封孔与压裂

　　采用小孔径高压封孔器对预制横向切槽钻孔段实施封孔，然后开启高压泵进行压裂，工艺如图 4-8 所示。该压裂系统主要由以下几部分组成：静压水进水管路、高压水泵、水泵压力表、蓄存压裂介质水和油的储能器、流量计、手动泵、手动泵压力表、快速连接的高压供水胶管、水压仪、封隔器、压裂钢管（管壁打孔）。

　　封隔器：由中心管和封隔器胶筒组成两个水路通道。中心管注入高压水，通向压裂段，通过水的高压压裂岩孔；而封隔器与中心管形成的空间，存储高压水用以密封压裂段。通过连杆将两支封隔器相连，岩孔压裂段处于两支封隔器之间。试验时，先要用手动泵通过高压胶管给封隔器胶筒与中心管间隙加压，密封岩孔压裂段，不使压裂段高压水外泄。封隔器连杆拉住两只封隔器，保持封隔器平衡，使封隔器与岩孔没有相对位移。封隔器配有专用试压筒。用以检验装配好的封隔器的密封性能，验证封隔器是否达到额定密封压力要求。

　　注水管：注水管连接处用 "O" 形圈密封，拆装方便，密封可靠，使测试效率大为提高。注水管的作用主要有两个：其一，作为连接构件将连接好的封隔系统送至钻孔的预定位置；其二，作为加压通道对封隔的钻孔段进行压裂。

高压水泵：其作用是给压裂段注入高压水实施压裂。高压水泵的参数由地应力场、顶板岩层的强度、需要的流量和巷道空间确定。

储能器：一种带活塞的蓄能器，活塞既能将油水分开，又能传递泵压。

水压仪：为实时监控测试过程，显示、记录和分析测试结果，开发研制了SY-1水压致裂数据采集仪。SY-1型水压致裂地应力测量仪利用进口硅应变式压力传感器作为测量信号源，实时记录压力变化曲线，将采集结果传送给计算机进行处理计算，得出地应力数值。该仪器为矿用本质安全型，具有防水、防潮，结构简单，操作方便，性能可靠，后处理功能强大等特点，适用于煤矿井下的恶劣备件。

封孔方法是先将橡胶封孔器置于预定封孔位置，即将压裂钢管段置于预裂缝处，然后用手动泵向封孔器注水加压到9~12 MPa，使封孔器胶管膨胀撑紧孔壁，由于封孔器采用的自平衡结构，故能承受很高的水压，保证高压水可使预裂缝起裂并不断扩展，达到弱化顶板的目的。

高压压裂是利用高压水泵来提供高压水，然后通过高压胶管、注水钢管以及压裂钢管进行压裂，通过高压水泵的压力表或水压仪的压力曲线监测预裂缝的起裂。预裂缝起裂后水压会有所下降，继而进入保压阶段。在这个阶段，裂缝扩展的同时伴随着新裂缝的产生，保证顶板岩层充分弱化和软化（图4-8）。

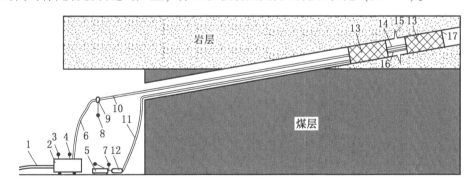

1—静压水进水管路；2—高压水泵；3—水泵压力表；4—流量计；5—手动泵；6、11—快速连接的高压供水胶管；7—压力表；8—水压仪；9—接头；10—注水钢管；12—蓄存压裂介质水和油的储能器；13—封隔器；14—压裂钢管（管壁打孔）；15—预裂缝；16—下封隔器注水管；

17—水力压裂钻孔

图4-8 顶板水力压裂

4.3.4　压裂效果监测

　　水力压裂效果的监测可采用物探的方法，如地质雷达、瞬变电磁等方法，其成本比较高；可在压裂孔周围布置观测孔，压裂过程中如果观测孔有水冒出，可大致确定压裂的范围，同时还可在观测孔中通过窥视仪观测压裂后裂缝的方向；可进行全面、系统的矿压监测，包括顶板位移与离层、支架受力状况、顶板来压步距、巷道围岩位移、支护体受力、煤柱应力分布，通过处理与分析矿压监测数据，评价水力压裂控制顶板的效果。

4.4　动压巷道水力压裂技术

　　我国煤矿以井工开采为主，需要在井下开掘大量的巷道，保持巷道畅通与围岩稳定对煤矿安全生产具有重要意义。采区巷道多布置于煤层或煤层附近，巷道围岩的强度一般较小，稳定性较差，同时经历多次掘进和采动影响，受工作面超前支承压力和相邻工作面侧向支承压力的作用（图4-9），巷道变形往往比较严重，两帮移近量和底鼓量较大，尤其是在采区巷道超前支护段，变形严重的地方，巷道断面往往无法满足行人、通车及通风等要求，几乎所有的采煤巷道均存在不同程度的动压现象。

　　因此，对动压巷道进行卸压是维护此类巷道稳定性的必要手段，采用传统方法通常无法满足卸压要求。然而，水力压裂可削弱岩层的整体性，将动压巷道附近的高应力削弱或转移到自承能力未受到削弱的煤或岩体的内部，降低巷道周围

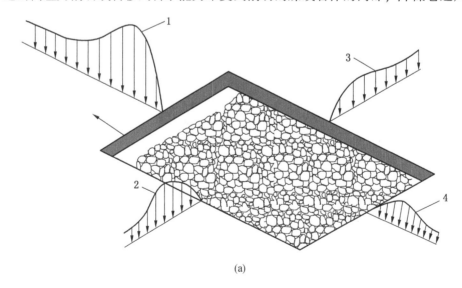

(a)

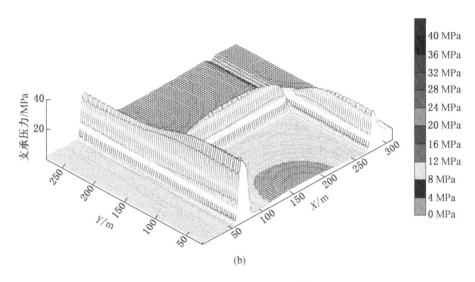

(b)

图 4-9 支承压力沿采区分布情况

的应力，使巷道处于低压区，达到维护动压巷道稳定的目的。

4.4.1 纵向切槽钻头

采用现有的横向切槽钻头在钻孔中预制切槽后，所形成的水力裂缝如图 4-10 所示。该横向水力裂缝的方向和角度无法有效促进应力的转移或岩体应变能的释放，其上方顶板岩层无法形成自由悬臂梁，垮落时对水力裂缝下方岩层产生冲击载荷，水力裂缝上方岩块仍会对巷道稳定性产生明显的影响。若采用纵向水力裂缝时，水力裂缝的方向变为图 4-10 中所示钻孔的方向，这时，水力裂缝会切断工作面上方岩层对巷道的作用，工作面顶板岩层的垮落为端部自由悬臂梁

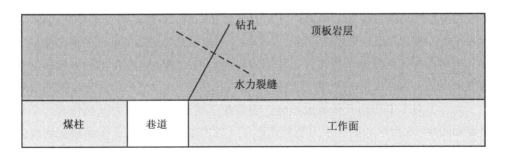

图 4-10 横向水力裂缝扩展

的垮落，不会对煤柱及巷道产生较大影响，达到巷道卸压和缓解工作面超前支承压力对巷道稳定性影响的目的。因此，研制和开发纵向切槽钻头对于水力压裂在巷道卸压中的作用有着重要的意义。

4.4.2 一般采区动压巷道

针对一般的采区动压巷道，采用水力压裂弱化巷道上方的顶板岩层，钻孔布置及水力裂缝扩展如图4-11所示。水力裂缝可切断工作面上方岩层对巷道的作用，达到巷道卸压和缓解工作面超前支承压力对巷道稳定性影响的目的。

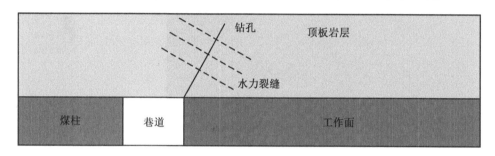

图 4-11 横向水力裂缝扩展

一般采区动压巷道水力压裂卸压的施工工艺和坚硬难垮顶板控制的工艺相同。卸压钻孔的布置和压裂参数是根据巷道的位置、顶板岩层特性、地应力场和动压巷道矿压特点确定。

4.4.3 煤柱留巷卸压

水力压裂除了对上述一般采区巷道有一定的卸压作用外，对于煤柱留巷（图4-12中2巷道）的稳定性及其维护也具有重要的作用。我国煤矿大都采用一个工作面开采，下一个工作面备用的采煤方案，如图4-12所示，开采1工作面时，将2工作面准备好，作为备采工作面。当1工作面开采时，2巷道的变形往往比较大，巷道片帮、底鼓严重，采用现有的支护和卸压手段很难维护此类巷道的稳定性。

采用水力压裂技术可将该巷道周围的高应力削弱或转移到自承能力较高的煤或岩体内部，如2工作面远离巷道处的煤体。在进行水力压力巷道卸压的过程中，为了不对1工作面开采造成影响，通常在2巷道内进行水力压裂作业，钻孔布置如图4-13所示。由于水力裂缝切断了1工作面顶板与2工作面顶板岩层的联系，弱化了1工作面采动产生的侧向支承压力对护巷煤柱及2巷道的影响，达到巷道卸压、维护巷道稳定性的目的。

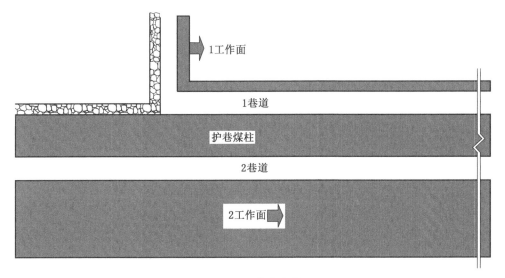

图 4-12 煤柱留巷

煤柱留巷动压巷道水力压裂卸压的施工工艺和坚硬难垮顶板控制的工艺相同。卸压钻孔的布置和压裂参数是根据巷道的位置、顶板岩层特性、地应力场和动压巷道矿压特点确定。

综上所述，水力压裂技术在煤矿坚硬难垮顶板的控制和巷道卸压中有着广泛的应用。与其他技术相比，水力压裂控顶和卸压的成本较低、工程量小，并且安全性高。

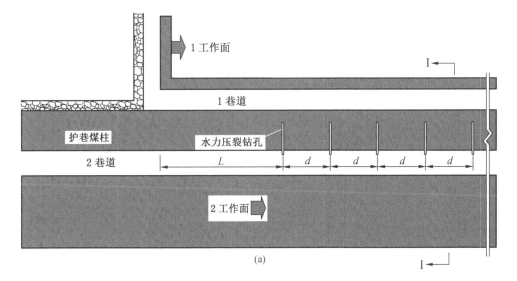

(a)

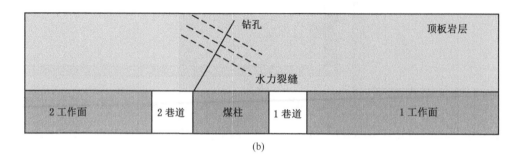

(b)

图 4-13 煤柱留巷水力压裂钻孔布置

5 综放工作面特厚难垮煤岩层水力压裂控制试验研究

5.1 矿井及工作面概况

5.1.1 矿井概况

内蒙古准格尔旗特弘煤炭有限公司官板乌素煤矿，位于鄂尔多斯市准格尔旗薛家湾镇东 1 km，前身为内蒙古军区煤矿。该矿于 1990 年筹办，1994 年投产，设计能力为 30 万 t/a，2009 年技改后矿井设计能力为 120 万 t/a，2012 年矿井核定生产能力为 240 万 t/a。

井田面积 3.4996 km²，开采标高为 820~1100 m，井田东南侧与唐公塔煤矿相邻。矿井开拓方式为斜井–立井综合开拓，主、副斜井及回风立井，采用单水平开拓，水平标高为+980 m。目前开采的 6 号煤层为石炭系上统太原组，平均厚度为 12.3 m，煤层埋深平均为 219 m。

矿井为低瓦斯矿井，矿井绝对瓦斯涌出量为 1.55 m³/min，相对瓦斯涌出量为 0.3 m³/t。6 号煤层自然倾向性等级为 I 类易自燃煤层，具有煤尘爆炸性。

矿井水文地质类型为中等，矿井水主要以地表裂隙充水为主，矿井正常涌水量为 49 m³/h，最大涌水量为 55 m³/h。

5.1.2 615 工作面概况

615 工作面位于井田西南部，西部为井田边界，北部为 605 综放工作面采空区，东部为 615 工作面（中）备采面，南部主、副井保护煤柱，该工作面平均煤厚 15.5 m，煤层倾角为 8°~16°，平均 12°，含夹矸 4~12 层，距顶板 2 m 范围内有一层夹矸，厚度为 0.2 m；距底板 0.8 m 范围内有一层夹矸，厚度为 0.12 m；在距底板 2 m 范围内有夹矸 5~6 层，厚度为 0.03~0.05 m，对煤质影响较大。工作面标高为+911~+973 m，地表为丘陵地形，地面为山坡草地。地面标高为+1121~+1156 m。

615 工作面地质情况：615 工作面位于 6 号煤层，6 号煤层的含煤地层为石炭系上统太原组上段地层，钻孔揭露该地层厚度为 51.39～132.73 m，平均 83.85 m，该地层岩性为灰白色砂岩，灰色、灰黑色砂质泥岩，泥岩，煤层。工作面煤层顶板为中、细砂岩，白色泥质胶结，以石英为主的石英质砂岩和黄灰色石英质粗砂岩，底板为白色、灰白色中、细石英质砂岩。工作面煤层呈单斜构造，煤层走向为 N20°～40°E，倾角为 5°～19°，平均 12°，倾向 S290°～310°W。本工作面地质构造简单，根据相邻工作面地质资料分析，该工作面煤层埋藏稳定无构造。目前区内共发现小型断层 15 条，其中 6 条断层落差大于 5 m。陷落柱不发育，无岩浆岩侵入，构造复杂程度属中等。

矿井目前生产地区为"一面一头"，采煤工作面为 615 综放工作面，掘进头为 613 开切眼掘进工作面。

612 采面采用综合机械化放顶煤工艺，采面倾斜长度为 138 m，走向长度剩余 100 m，共安设 93 个液压支架。工作面煤壁落煤高度 3.2 m，循环进度为 0.6 m，放煤方式采用一进一放、多轮顺序放煤。

613 开切眼掘进工作面采用综掘工艺，巷道规格（宽×高）为 4500 mm×3000 mm 矩形，支护采用锚网（索）支护方式，临时支护采用机载临时支架支护。

5.1.3 地质及顶底板概况

5.1.3.1 地面工程地质现象

官板乌素井田大部分被第四系黄土覆盖，厚度大，固结性差。地表由于受后期风蚀、流水等作用，沟谷纵横，地形复杂，产生了多种地面物理地质现象，如黄土滑坡、冲沟、黄土凹陷洞穴等。在部分切割较深的沟谷附近出露有基岩，岩性为砂岩、泥岩等。在沟深壁陡处，黄土垂直节理发育，多沿节理面产生崩落现象，从根本上改变了黄土高原本来之完整面貌，呈现出现代黄土高原地貌特征。

井田内东、西界分别有唐公塔东沟和官板乌素沟。冲沟发育以向源侵蚀为主，横断面呈"U"字形，纵断面坡度大，对地下水、地表水起着很好的排泄作用。

5.1.3.2 岩石物理力学试验指标

为了解矿区内岩层及主要可采煤层顶底板工程地质条件和物理力学性质，满足煤层开采需要，岩石物理力学试验结果采用唐公塔勘探区 915、916 两个岩样孔的资料。岩石力学测试结果分析值见表 5-1。

表 5-1 岩石力学测试结果分析值

物理性质及力学指标		岩　性						
		砾岩	粗砾岩	中砂岩	细砂岩	砂质泥岩	泥岩	煤
密度 Δ/(kg·m^{-3})		2668~2572	2678~2338	2728~2606	2760~2624	2760~2624	2698~2262	2320~1630
容重 γ/(kg·cm^{-3})		2279~2185	2838~2396	2838~2396	2676~2453	2676~2453	2519~2034	2079~1495
孔隙率 P/%		17.80~12.52	24.29~3.69	10.13~7.48	6.91~3.04	6.91~3.04	14.78~2.54	10.39~8.28
天然含水率 W/%		4.67~0.98	5.54~1.03	4.00~1.21	2.91~0.67	2.91~0.67	5.81~1.27	
抗压强度/MPa	自然状态	20.3~6.6	52.0~1.0	49.80~11.90	141.0~13.3	141.0~13.3	64.9~5.6	4.9~4.5
	吸水状态					4.0	37.7~6.6	
软化系数						0.09	0.84~0.15	
抗剪强度/MPa	45° 正应力	37.0~30.3	37~14	23	73.2~23.0	47	28.4~16.0	
	45° 剪应力	37.0~30.3	37~14	23	73.2~23.0	47	28.4~16.0	
	55° 正应力	10.0~9.0	10~5	11	18.9~11.0	14	11~8	
	55° 剪应力	14.3~13.0	14~7	16	27.0~16.0	20	15~11	
	65° 正应力	3.0	5~2	5	25~8	6	5.0~4.2	
	65° 剪应力	6.3~6.0	11~4	11	54~16	14	11~9	
普氏系数 f		1.93~0.97	5.13~0.94	3.81~2.31	5.08~3.52	7.32~1.66	5.98~0.93	0.50~0.46
弹性模量 E/MPa			$(0.44~0.05)\times10^5$	$(0.25~0.03)\times10^5$	0.20×10^5	$(0.45~0.40)\times10^5$		
内摩擦角 φ/(°)		41.85~40.85	42.33~52.75	33.96	43.47	39.8		
泊松比 μ			0.58~0.13	0.34~0.13		0.29~0.22		
凝聚力 c/MPa		5.12~4.05	7.02~2.74	7.68	7.82	8.53	7.69~5.59	

注：1. 以上统计为井田内两个岩样孔同一种岩性样品的极值。

　　2. 抗压强度、弹性模量、泊松比为同一种岩性单块样品极值。

　　3. 普氏系数、软化系数、内摩擦角、凝聚力是以同一种岩性为组统计的极值。

5.1.3.3 主要煤层顶底板岩性组合及分布规律

为对煤矿的安全生产提供依据，本次对矿区内所施工的钻孔中 6 号煤层的顶底板岩性组合进行了统计（分别统计 6 号煤层顶底板 22 m 以内的岩性，见表5-2）。

表5-2 6号煤层顶底板岩性组合统计表

岩性数据	砂岩	泥岩	备 注
顶板点数	10	5	砂岩占55%，泥岩占34%
底板点数	9	6	砂岩占60%，泥岩占40%

从表5-2 中得知，6 号煤层顶底板岩性主要由砂岩和泥岩组成。其顶板在矿区中—北部为砂岩，在南部为泥岩；其底板在矿区中部为砂岩，在矿区东南部为泥岩。

5.1.3.4 岩石强度及煤层顶底板的稳定性

据唐公塔勘探区两个岩样孔岩石力学试验成果表明，岩石力学特点是抗压强度高，绝大部分岩石属半坚硬~软弱岩石。以半坚硬岩石为主，只有软弱夹层、煤层和胶结较疏松的岩石抗压强度较低（<30 MPa）；其他各类岩石抗压强度值大于 30 MPa。详见岩石物理力学试验成果综合表（表5-1）。

6 号煤层顶板为砂岩的主要分布于矿区中—北部，厚度为 2.72~25.22 m，其厚度变化较大。据唐公塔区岩样孔 6 号煤层顶板砂岩统计，其单块单向抗压强度变化较大（表5-3）。

表5-3 6号煤层顶板粗砂岩抗压强度数值表

孔号	岩性	厚度/m	单块岩石单向抗压强度数值/MPa	平均/MPa
915	粗砂岩	2.95	1.0，4.1，9.3，9.8，11.5，17.1，23.1	10.8
916	粗砂岩	8.39	6.6，8.2，9.2，12.8，13.0，13.1，15.3，21.5，29.1，32.7，37.4	17.6

从表5-3 中可以看出 6 号煤层顶板砂岩抗压强度平均值为 10.8~17.6 MPa，但局部单块抗压强度值又小于 30 MPa，属软弱岩石。矿区内中—南部 6 号煤层顶板为砂岩，厚度为 0.25~2.83 m，抗压强度变化较大，在 1.69~21.1 MPa 之

间。在采矿时，薄层泥岩易随煤脱落。6 号煤层顶板砂岩裂隙较为发育，加之局部砂岩胶结疏松，岩石抗压强度值也相应降低，从上述情况分析，6 号煤层顶板为不稳定岩层。

6 号煤层底板岩性由砂岩和泥岩组成，虽然泥岩抗压强度为 10~25 MPa，但遇水后其抗压强度值也会相应降低。唐公塔区 915 号岩样孔 6 号煤层底板泥岩试验成果见表 5-4。

表 5-4 泥岩抗压强度数值变化表

孔号	岩性	单块单向抗压强度/MPa	
		自然状态	吸水状态
915	泥岩	13.9, 22.9	8.5, 11.3

从表 5-4 中可以看出，泥岩遇水浸泡后抗压强度值降低，另外泥岩在遇水浸泡后会产生体积膨胀现象，使巷道产生塑性变形，造成巷道底鼓。

开采 6 号煤层，垮落带高度：$H_e = (1 \sim 2)M = 44$ m。

导水裂缝带最大高度：$H_f = (100M/5.1n + 5.2) + 5.1 = 112$ m。

其中，M 为 6 号煤层累计采厚，单位为 m；n 为 6 号煤层分层层数。

岩石物理力学试验的各项指标均为唐公塔勘探区资料，可参考利用。

通过对邻矿唐公塔井田岩石物理力学试验资料分析，初步评价官板乌素煤矿煤层顶底板岩层工程地质条件为中等型。

综上所述，本项目基于弹性理论和断裂理论，分析了水力裂缝开裂和扩展过程，针对煤矿顶板岩层、工作面和巷道特点，开展了水力压裂关键参数模拟与分析，开发出水力压裂技术与装备。

通过在官板乌素煤矿 615 工作面开展特厚难垮煤岩层水力压裂初次放顶、顶煤弱化控制和动压巷道卸压工业性试验，验证技术可行性，为类似条件煤矿提供有益参考。

5.2 工作面水力压裂初次放顶

5.2.1 顶板岩层参数

5.2.1.1 顶板岩层柱状及结构

6 号煤层的含煤地层为石炭系上统太原组上段地层，钻孔揭露该地层厚度为

51.39~132.73 m，平均 83.85 m，煤层厚度约 12 m。基本顶厚度约 26 m。该地层岩性为灰白色砂岩，灰色、灰黑色砂质泥岩。工作面煤层顶板为中、细砂岩，白色泥质胶结，以石英为主的石英质砂岩和黄灰色石英质粗砂岩，底板为白色、灰白色中、细石英质砂岩。工作面煤层呈单斜构造，煤层走向 N20°~40°E。倾向 S320°~340°W，倾角为 5°~9°，平均 7°。本工作面地质构造简单，根据 604 工作面地质资料分析，在该工作面煤层埋藏稳定无构造。顶底板厚度及岩性见表 5-5。钻孔 1~4 号窥视结果如图 5-1 所示，可见顶板岩层完整性、整体性较好。

表5-5 顶底板厚度及岩性

顶底板名称		岩石类别	厚度/m	岩性特征
顶板	基本顶	中细砂岩	26.0	白色，泥质胶结，以石英为主
	直接顶	粗砂岩	2.9	灰黄色，成分以石英长石为主
底板	直接底	中砂岩	1.7	白色，石英质中砂岩
	基本底	中细砂岩	4.2	灰白色，含植物化石

5.2.1.2 地应力测试

孔壁岩石的压裂曲线如图 5-2 所示。经水压致裂处理软件分析计算可以得出各力的大小。

破裂压力：$P_b = 9.83$ MPa；

重张压力：$P_r = 7.2$ MPa；

瞬时关闭压力：$P_s = 6.4$ MPa；

最大水平主应力：$\sigma_H = 12.0$ MPa；

最小水平主应力：$\sigma_h = 6.4$ MPa；

垂直应力：$\sigma_v = 11.44$ MPa。

5.2.1.3 围岩强度原位测试

1~3 号钻孔测试的围岩强度如图 5-3 所示。

1 号测试孔强度最大值为 47.72 MPa，平均强度为 34.58 MPa，2 号测试孔强度最大值为 54.02 MPa，平均强度 34.15 MPa，3 号测试孔强度最大值为 54.31 MPa，平均强度为 36.37 MPa。

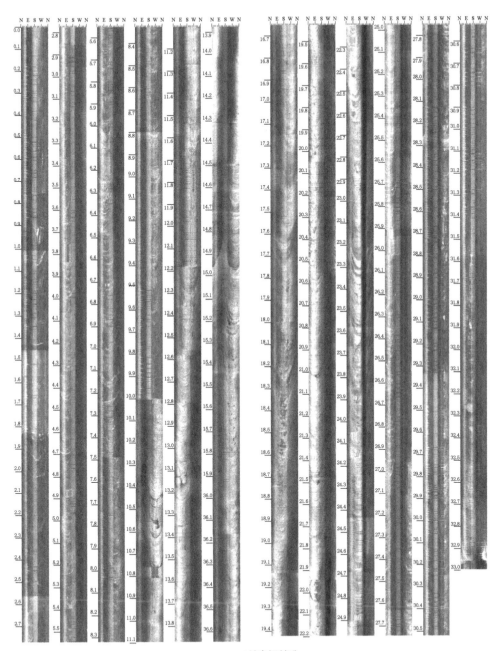

1号窥视钻孔

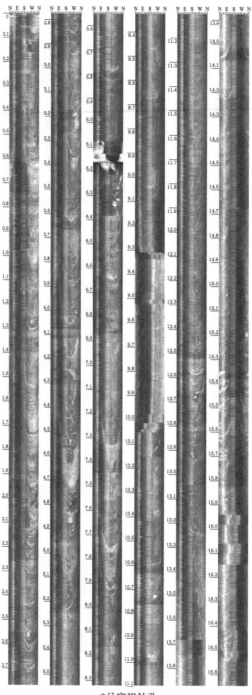

2号窥视钻孔

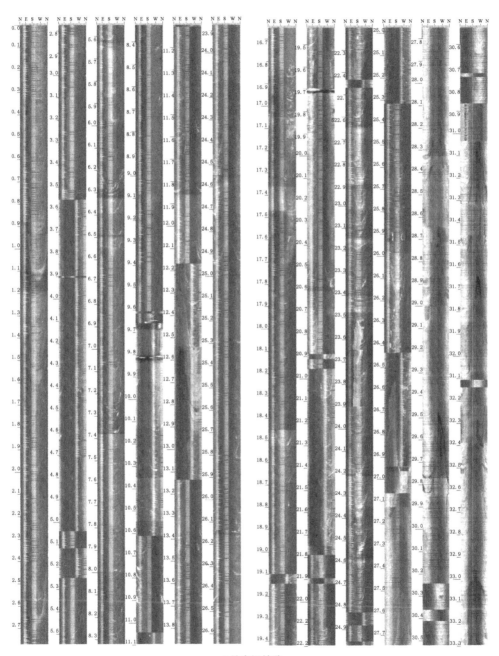

3号窥视钻孔

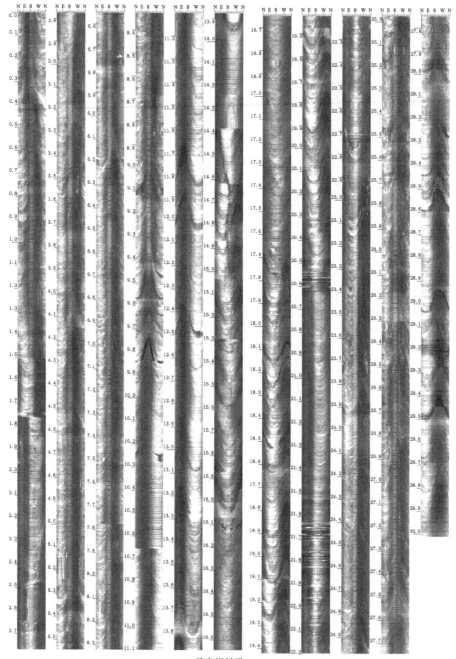

4号窥视钻孔

图 5-1 开切眼顶板钻孔窥视图

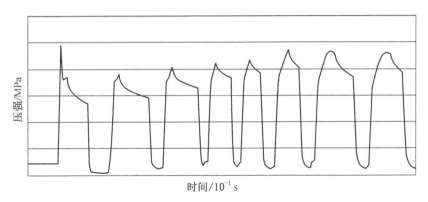

图 5-2 地应力测量压裂曲线图

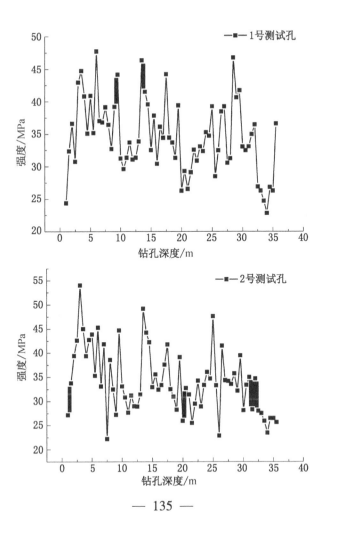

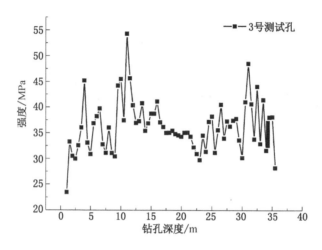

图 5-3 围岩强度原位测试

5.2.2 压裂钻孔布置

5.2.2.1 设计原则

水力压裂技术可有效控制工作面顶板初次垮落，最大程度削弱顶板的整体性，使得工作面顶板呈分层及时垮落。水力压裂技术有效控制顶板的同时，避免给工作面的正常开采带来影响，避免由于过度压裂和软化导致工作面顶板维护困难，避免由于水力压裂给顶板控制带来困难，避免其他可能的灾害。基于地质条件和原位测试、力学计算及模拟结构，确定工作面开切眼水力压裂钻孔布置如图 5-4 所示。

5.2.2.2 钻孔钻进

钻孔采用 ZDY1900S 钻机，钻头直径为 65 mm，钻孔完成后应近似保持一条直线，有利于封隔器的推入。

采用切槽钻头在钻孔中预制横向切槽，钻孔横向切槽位置根据顶板岩层结构确定，根据顶板钻孔窥视及强度触探法测试结果，从而确定开槽的次数与位置，选择致密坚硬岩层段进行切槽。最后用静压水冲洗钻孔，用窥视仪观察开槽效果。官板乌素煤矿井下水力压裂钻孔施工如图 5-5 所示。

5.2.3 封孔与注水压裂

采用跨式封隔器对横向切槽段进行封孔。封隔器的安装：连接安装封隔器，然后接静压水对封隔器进行排气、试压，保证运作正常，通过高压胶管将连接好

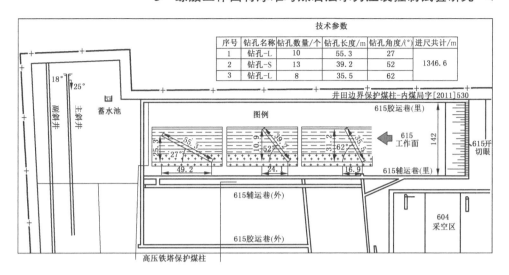

图5-4　工作面开切眼水力压裂钻孔布置

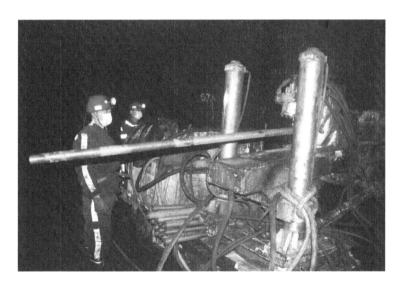

图5-5　官板乌素煤矿井下水力压裂钻孔施工

的手动泵和储能器与封隔器连接，连接处"O"形密封圈密封，连接采用快速连接方式。

顶板注水压裂采用分段逐次压裂法，压裂顺序为从钻孔底部向孔口方向的倒退式压裂法。压裂前需对高压水泵进行调试，检查各个连接处，连接无误后给高压水泵先通水再通电，调整正反转，观测水泵是否正常运作。水压仪安装在高压胶管和注水钢管连接处。

施工工艺如下：

（1）安装、连接、调试工作结束后，连接注水钢管将封隔器推送至预定位置（预裂缝处），封孔、注水压裂采用倒退式压裂法，即从钻隔底部开槽处向外依次进行压裂。

（2）手动泵加压封隔器，待压力达到 10 MPa 后停止加压，观察钻孔并监测压力表，检验封隔器能否保压，若钻孔中有水流出或压力下降明显，说明封孔失效，检查封隔器各个连接处及封隔器本身，找出并解决问题，确保封隔器正常工作。

（3）距离压裂孔 30 m 处拉警戒，试验期间除作业人员外禁止人员通行，操作人员以及作业设备距离压裂孔的距离应在 30 m 以上，且位于支护条件良好的地方。

（4）开启水压仪，给高压水泵先通水再通电，然后慢慢加压，同时记录水泵压力表、流量计以及手动泵压力表数据，继续加压直至预裂缝开裂，这时压力会突然下降，保压注水使裂缝继续扩展，保压注水压裂时间根据现场压裂情况确定，若巷道顶板、煤帮或钻孔中有水渗出或冒出时，立即停止压裂。

（5）压裂结束后，高压水泵先断电再停水，封隔器泄压，然后退出钻孔，利用窥视仪观察压裂效果。

官板乌素煤矿开切眼顶板典型水力压裂记录见表 5-6，水力压裂施工过程中监测水压变化，其水压曲线图如图 5-6 所示。

表 5-6　官板乌素煤矿开切眼顶板典型水力压裂记录表

深度/m	垂距/m	压裂时间间隔	高压泵压力/MPa	水压仪压力/MPa	备注
55	25.3	17.45~18.15	42	40.2	孔内出水，与 L1 串孔
52	23.9	18.45~19.15	40	39.2	未见出水
49	22.6	19.45~20.15	38	36.4	未见出水
46	21.2	20.45~21.15	38	34.5	未见出水
43	19.8	22.25~22.55	38	35	孔内出水，与 L1 串孔
40	18.4	23.25~23.55	38	35	未见出水
37	17.1	0.25~0.55	35	31	未见出水
34	15.7	1.25~1.55	34	30	未见出水

表5-6(续)

深度/m	垂距/m	压裂时间间隔	高压泵压力/MPa	水压仪压力/MPa	备注
31	14.3	2.25~2.55	27	23	未见出水
28	12.9	3.25~3.55	30	26	未见出水
25	11.6	18.35~19.05	34	29	未见出水
22	10.2	19.35~20.05	28	24.8	未见出水
19	8.8	20.35~21.05	28	25	未见出水
16	7.8	21.35~22.05	27	24	未见出水
13	6.1	22.35~23.05	28	24	未见出水
10	4.8	23.35~0.05	25	21	未见出水
7	3.4	0.35~1.05	25	21	开切眼出水大

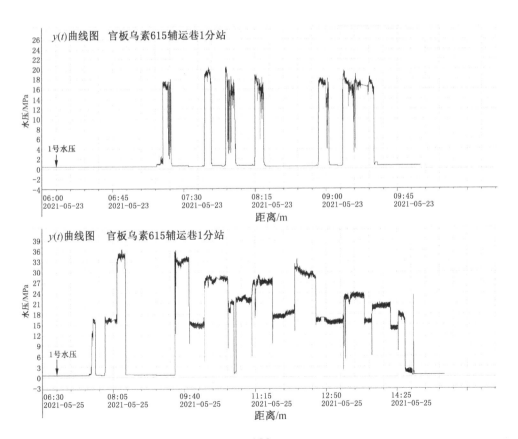

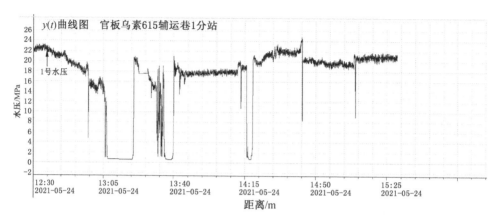

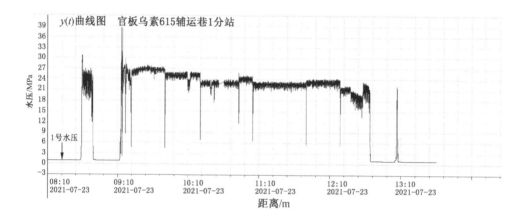

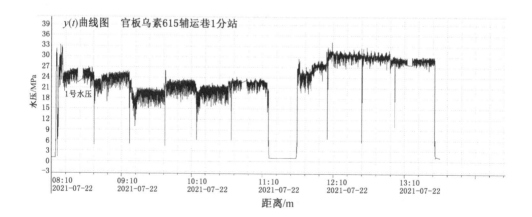

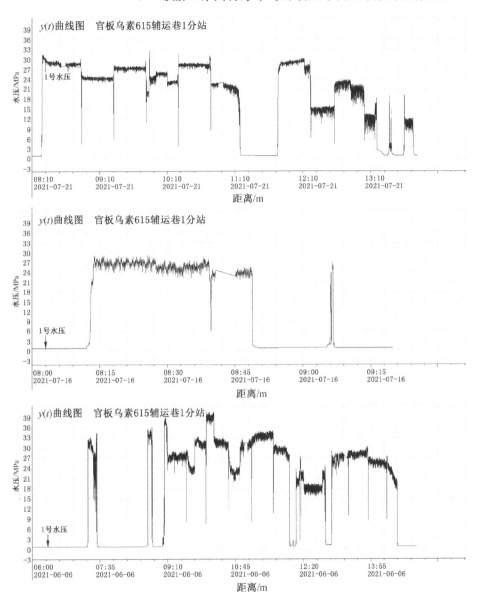

图 5-6 官板乌素煤矿开切眼顶板水力压裂施工水压曲线（部分）

5.2.4 工作面初采垮落情况

工作面推采约 6.5 m 采空区开始垮落，推采约 10.3 m 时开始出现连续性分层垮落；推采 13.6 m 时，采空区基本落实；工作面推采约 21 m 时，采空区出现较大响声，有顶板垮落现象，压力无明显变化，工作面煤墙出现少量片帮；工作面推采约 37 m 时，支架安全阀少量开启，工作面片帮显现，地面塌陷，完成初次垮落。

初采期间工作面矿压显现不明显，说明采用该项技术取得了良好效果。

5.2.5 与爆破控顶对比

官板乌素煤矿此前采用深孔预裂爆破的方式弱化工作面顶板，分别在工作面开切眼和两巷进行钻孔爆破。在工程量、费用及控顶效果三个方面对比爆破控顶与水力压裂控顶的特点如下。

（1）深孔预裂爆破钻孔采用 MYZ-150 型钻机，钻孔直径为 90 mm，共 50 个钻孔，钻孔总进尺 1100 m；水力压裂钻孔直径为 56 mm，钻孔数量 37 个，钻孔总进尺 1305 m。

深孔预裂爆破费用约 35.84 万元，且影响该工作面一个圆班产量约 10000 t，通风影响区域所有工程必须停工 16 h 左右；水力压裂初次放顶工程费用约 33 万元，且不对工作面正常开采产生影响。

（2）采用深孔预裂爆破时工作面的基本顶初次垮落步距平均为 93 m 左右，端头垮落（推采 35 m 左右）不及时易产生飓风；采用水力压裂后，工作面的基本顶初次垮落步距为 76 m 左右，初次垮落步距较小，随采随落，端头垮落及时（推采 20 m 左右）不易产生飓风，小于深孔预裂爆破处理结果。

通过对比可看出，与爆破控顶方式相比，水力压裂控顶所需钻孔数量较少，控顶费用大幅度降低，并且施工速度快，移钻机工作量小，安全管理难度降低，利于安全生产，而且不影响正常回采，保证工作面出煤量。控顶效果可满足顶板控制要求。

5.3 工作面动压巷道水力压裂卸压试验

官板乌素煤矿 615 运输巷（里）受本工作面和相邻工作面开采影响，采区巷道、煤柱和实体煤上方往往赋存着较大的支承压力，这些压力是巷道产生动压现象的诱因。因此，动压巷道卸压的核心是将巷道附近的高应力削弱或转移到远离巷道的煤岩体内部，降低巷道周围附近的应力集中程度，达到使巷道处于低压区的目的。

615 辅运巷（外）受 615 工作面（里）侧向支承压力的影响，巷道变形维护难度变大，为保证巷道稳定性与安全生产，拟在 615 工作面（里）采用水力压裂卸压方法以保护 615 辅运巷（外）。

5.3.1 工作面及顶板条件

615 辅运巷（里）顶板钻孔结构窥视结果如图 5-7 所示。由图可知顶板岩层较为致密、完整。

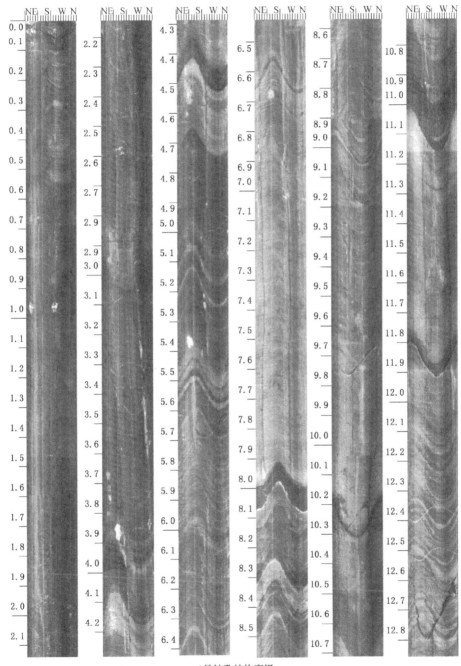

1号钻孔结构窥视

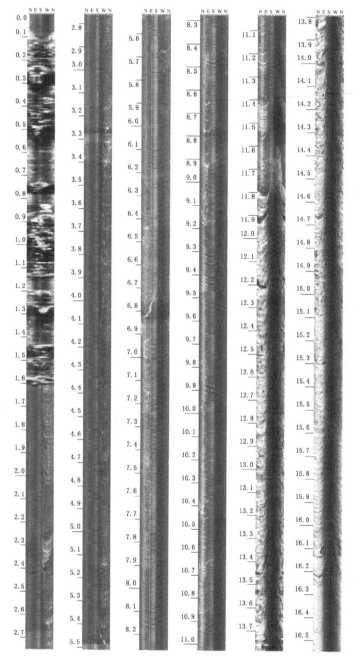

2 号钻孔窥视结果

图 5-7　615 辅运巷顶板钻孔结构窥视结果

5.3.2 压裂钻孔布置

基于顶板岩层特征，结合力学计算、数值模拟和实测参数，确定压裂参数如图 5-8 所示，典型压裂曲线如图 5-9 所示。

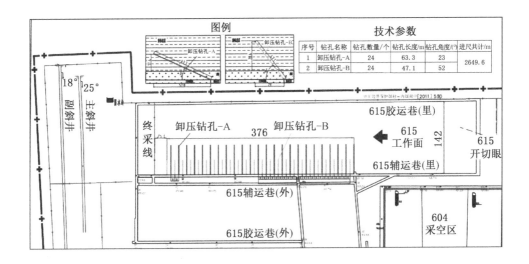

图 5-8 辅运巷水力压裂卸压钻孔布置图

5.3.3 矿压监测与分析

5.3.3.1 工作面支架和巷道变形

压裂后，工作面支架普遍处于低阻力工作状态，安全阀开启率大幅降低。卸压后工作面支架工作阻力如图 5-10 所示。

工作面经过压裂区域，615 辅运巷（里）整体矿压显现不明显，直至工作面与回撤通道贯通，煤壁没有发生片帮现象，没有"鼓包"出现（图 5-11）。

5.3.3.2 矿压数据分析

帮锚杆、顶锚索受力情况如图 5-12 所示。

巷道压裂段进入超前支护区域时，锚杆、锚索受力开始缓慢增加，帮锚杆的受力峰值均在 40 kN 以内，锚索受力普遍不大，均在 80 kN 以内。

通过实时监测可知，压裂后动压巷道围岩应力集中程度大幅降低，降低约为 36%。顶板离层监测结果显示离层量较小（表 5-7）。

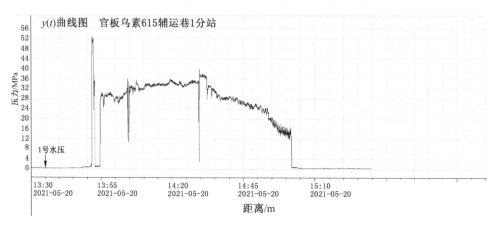

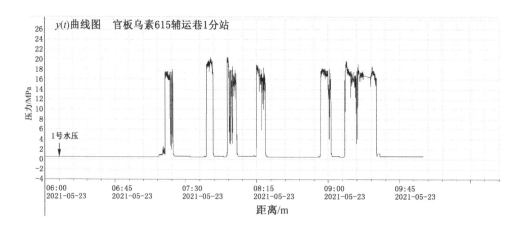

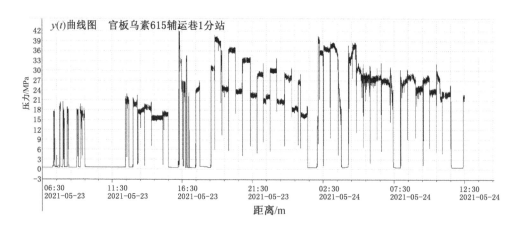

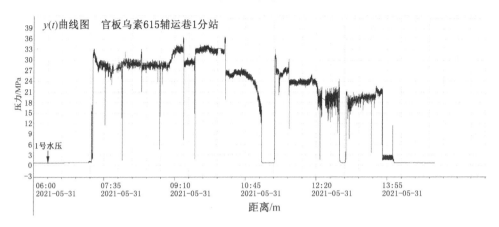

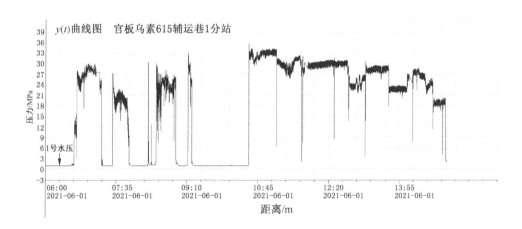

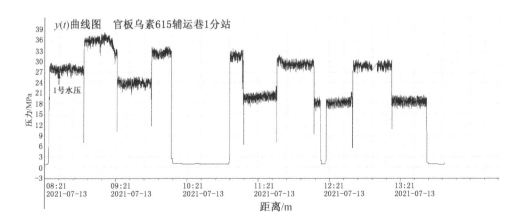

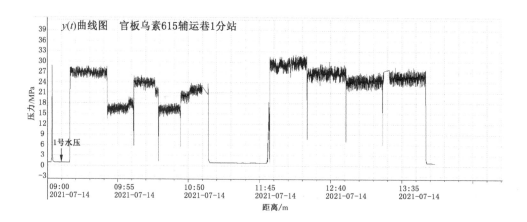

图5-9 典型压裂曲线

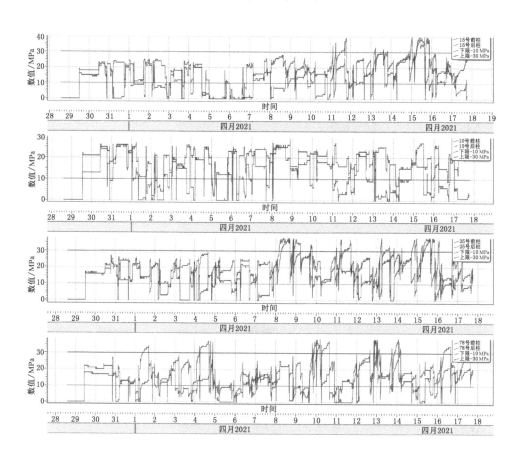

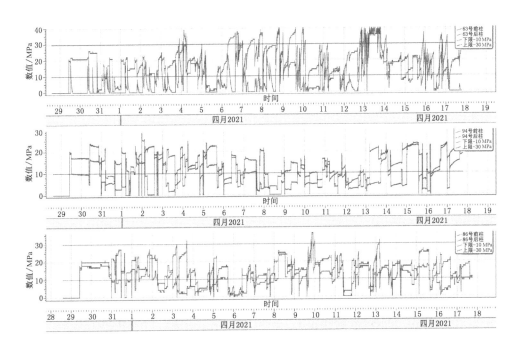

图 5-10 卸压后工作面支架工作阻力图

图 5-11 辅运巷（里）变形量小

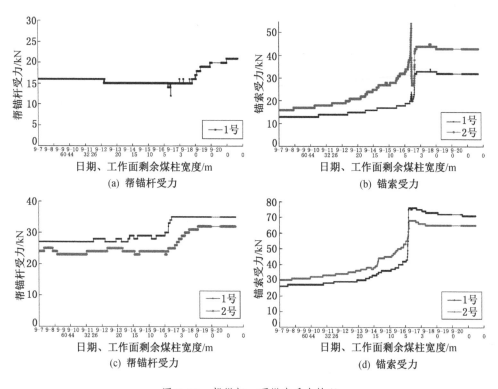

图 5-12 帮锚杆、顶锚索受力情况

表 5-7 顶板离层仪观测记录表

巷道名称		615 辅运巷外			安装日期		2020-10-05
离层仪编号		8 号			安装位置		400 号
初始读数	深基点/mm	77			深基点安装深度/m		5.9
	浅基点/mm	59			浅基点安装深度/m		1.8
深基点		浅基点		深、浅基点离层 Δ₁-Δ₂/mm	观测日期	观测人	备注
观测读数/mm	离层量 Δ₁/mm	观测读数/mm	离层量 Δ₂/mm				
76	1	58	1	0	2021-07-03	张明家	

表 5-7（续）

深基点		浅基点		深、浅基点离层 $\Delta_1 - \Delta_2$/mm	观测日期	观测人	备注
观测读数/ mm	离层量 Δ_1/ mm	观测读数/ mm	离层量 Δ_2/ mm				
74	3	58	1	2	2021-07-09	张明家	
72	5	58	1	4	2021-07-16	张明家	
72	5	57	2	3	2021-07-23	张明家	
72	5	57	2	3	2021-07-30	张明家	
70	7	57	2	5	2021-08-06	张明家	
69	8	56	3	5	2021-08-13	张明家	
69	8	56	3	5	2021-08-20	张明家	
69	8	56	3	5	2021-08-27	张明家	
69	8	56	3	5	2021-09-03	张明家	

5.4 工作面顶煤水力压裂试验

5.4.1 综放面顶煤冒放性分析

放顶煤工作面顶煤的冒放性影响因素有埋深、顶煤的抗压强度、煤层厚度、煤层节理裂隙发育情况和煤层的软化程度、煤层的吸水性、直接顶的岩性和厚度、顶煤夹矸的强度厚度和层位、基本顶、采放比等。615 综放工作面对顶煤冒放性影响因素如下：

（1）采放比低，即放煤厚度小，可提高顶煤的破碎程度，从而提高顶煤的冒放性。

（2）采用大阻力放顶煤支架可达到高工作阻力对顶煤的反复支撑造成顶煤破碎的目的，从而使顶煤具有良好的冒放性。

工作面开采过程中超前支承压力越大越有利于顶煤冒放。如图 5-13 所示。顶煤运移示意如图 5-14 所示。

（3）煤层及顶板含水软化作用。

（4）工作面上覆煤层开采的影响。

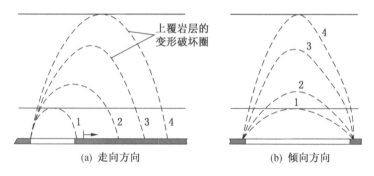

(a) 走向方向   (b) 倾向方向

图 5-13　超前支承压力分布

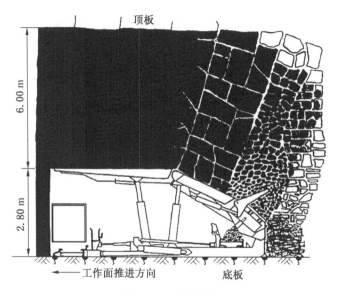

图 5-14　顶煤运移

（5）放顶煤支架的控顶距越大，顶板挠曲变形量越大，矿压显现越强烈，从而基本顶对顶煤的压力就越大，这样就能使控顶区范围内的顶煤在矿山压力和支架反复支撑的作用下得到充分的破碎，使得综放工作面顶煤的破碎效果进一步增强，为顶煤在冒落区的充分冒落创造有利的条件。

（6）煤层层理清晰、裂隙发育，这使得顶煤在矿山压力的作用下沿顶煤节理裂隙持续不断地发育至断裂破碎成碎块状散体，加强了顶煤的破碎程度。

（7）顶煤无夹矸，若含有夹矸将增大顶煤的强度，在放煤过程中会伴随大块煤或者悬顶大顶煤无法垮落至后部输送机内。

（8）直接顶及时垮落。直接顶垮落充分，基本顶的弯曲变形量大，对工作面的周期来压强度提高，顶煤破碎效果好。

（9）放顶煤长度短于工作面长度。

（10）支架放煤口放落煤体块度大小。

针对存在影响工作面顶煤回收率的因素，通常采用下列措施：

（1）严格控制采煤机割煤高度，机采率高回收率高。

（2）在后部输送机加装收煤板，提高底板遗煤的回收率。

（3）工作面严格沿底板采煤不留底煤。

（4）加强放煤工的责任心管理，要求其将顶煤回收干净。

（5）在条件允许的前提下，增加回收端头架和过渡架顶煤。

（6）在条件允许的前提下，减小初采和末采不放煤的距离。

但是，工作面初采期间，矿压显现较小，顶煤的完整性较好，难以有效放出顶煤，顶煤的冒放性较差。因此，为了提升初采期间顶煤的冒放性，增加资源回收率，基于水力压裂弱化完整煤岩体的机理和成功经验，采用人为水力压裂预裂煤体的方法，主动弱化顶煤的完整性，以期提升官板乌素煤矿综放工作面顶煤的回收率。

5.4.2 综放面顶煤压裂设计

基于前述水力压裂理论分析和顶煤冒放性分析，初采期间顶煤水力压裂设计如图5-15所示。水力压裂钻孔及压裂作业在工作面安装前完成。顶煤压裂曲线

图5-15 615工作面顶煤水力压裂技术方案

如图 5-16 所示。

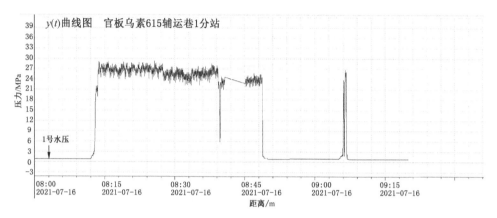

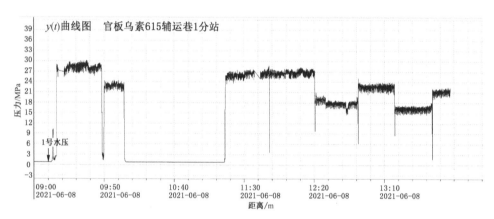

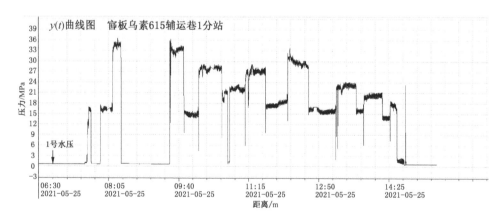

图 5-16 顶煤压裂曲线

5.4.3　效果分析

通过对比相邻工作面初采期间煤炭资源回收率，评价顶煤水力压裂效果，回收率统计见表5-8～表5-10。综放工作面资源回收率由55%～65.38%提升至78.5%，平均提升约18.6%。

表5-8　官板乌素煤矿612综放工作面回收率核算单

类别	带式输送机巷	辅运巷	推进时间段	5月1—31日
起始点里程/m	834	838	煤厚/m	依据剖面图：11.5 m
结束点里程/m	802	800	容重/(t·m⁻³)	1.5
本月推进度/m	32	38	计划回收率/%	70
累计推进度/m	32	38	平均推进度/m	35
采煤地质储量/t	面长×推进度×采高×容重＝135×35×11.5×1.5＝81506		考核结果/%	55.0
实际出煤量/t	44856		工作面调斜	机头滞后1.5 m

注：煤量＝销量（5月1—31日）−掘进煤量。

表5-9　官板乌素煤矿612综放工作面回收率核算单

类别	带式输送机巷	辅运巷	推进时间段	5月1日—6月11日
起始点里程/m	834.2	838.2	煤厚/m	依据剖面图：11.8 m
结束点里程/m	765.3	763.5	容重/(t·m⁻³)	1.5
本月推进度/m	68.9	74.7	计划回收率/%	70
累计推进度/m	68.9	74.7	平均推进度/m	71.8
回采地质储量/t	面长×推进度×采高×容重＝135×71.8×12.2×1.5＝177382		考核结果/%	65.38
实际出煤量/t	115979		工作面调斜	机头滞后1.8 m

注：煤量＝销量（5月1日—6月10日）−筒仓余量（5月1日）+筒仓剩余量（6月10日）−掘进煤量。

表 5-10 官板乌素煤矿 615 综放工作面回收率核算单

类别	辅运巷	胶带巷	推进时间段	3 月 27 日—4 月 15 日
起始点里程/m	740	740	煤厚/m	10.8 m
			夹矸厚/m	1.5 m
结束点里程/m	681	687	煤容重/(t·m⁻³)	1.5
			夹矸容重/(t·m⁻³)	2.0
本月推进度/m	59	53	计划回收率/%	70
累计推进度/m	59	53	平均推进度/m	56
回采地质储量/t	煤：面长×推进度×采高×容重＝ 140×56×10.8×1.5＝127008 夹矸：面长×推进度×采高×容重＝ 140×56×1.5×2.0＝23520 采煤地质储量＝150528		考核结果/% 78.50	
实际出煤量/t	118169		工作面调斜	机头滞后 6 m

注：煤量＝销量（3 月 27 日—4 月 15 日）－筒仓余量（3 月 27 日）＋筒仓剩余量（4 月 15 日）－掘进煤量。

6 综放工作面特厚难垮煤岩层
水力压裂控制研究成果

6.1 研究结论

综放面特厚难垮煤岩层水力压裂控制研究通过理论分析、数值模拟、井下试验相结合的研究方法，达到了预期目标，得出以下研究结论：

（1）基于弹性理论和断裂理论，分别研究完整连续坚硬岩体的水力压裂开裂与扩展过程和含裂缝坚硬岩体的裂缝开启与扩展过程，从而确定水力压裂开裂与扩展压力及方向，并采用数值模拟的方法研究不同地应力及钻孔条件下钻孔段围岩应力分布特征及裂缝开启与扩展规律。①在进行水力压裂作业时，地应力的大小、方向和类型是进行钻孔参数设计的基础。②针对三种地应力场类型，当水平主应力相等，即 $\sigma_H/\sigma_h = 1.0$ 时，裂缝开启压力均随钻孔倾角增大而单调递减，即钻孔从垂直方向逐渐旋转至水平方向时，所需开裂压力不断减小；水平孔由 σ_h 方向逐渐旋转至 σ_H 方向的过程中，裂缝开启压力保持不变；随着 σ_H/σ_h 的增大，裂缝开启所需压力均有减小趋势；随着 σ_H/σ_v 的增大，裂缝开启所需压力则有增大趋势。③利用最大拉应力准则和有限元软件，描述了顶板岩层水力压裂裂缝的起裂与扩展，裂缝旋转扩展是扩展压力较高的主要因素；开裂角 θ_0 由泊松比 μ、裂缝尖端的应力强度因子 K_I、K_{II} 或 K_{II}/K_I 确定，且 $|\theta_0| \leqslant 70°$；θ_0 的正负取决于 K_{II} 的正负，当 $K_{II} > 0$ 时，$\theta_0 < 0$，当 $K_{II} < 0$ 时，$\theta_0 > 0$。④定义水力压裂裂缝扩展影响因子 D，分析其对裂缝扩展的影响，地应力不变时，D 随着 P 值的增加而增加；当裂缝开启所需的压力 P 远大于地应力时，地应力对裂缝扩展的影响较小，裂缝扩展近似表现为自相似扩展；随着 D 的逐渐增大，K_{II} 逐渐减小，K_I 逐渐发挥主导作用，与数值计算结果一致。

（2）建立顶板岩层压裂数值模型，分析了水力压裂关键参数地层改造的影响，为压裂参数的确定提供依据。

①随着注入总液量的增大，裂缝扩展规模逐渐增大，但施工液量大于 6 m³ 后，裂缝扩展范围变化量逐渐较小。可以将 6 m³ 作为施工总液量的最优参数。②模拟实验中最优的分支裂缝扩展范围约为 13 m，考虑注水孔眼水力裂缝串通及注水孔眼两侧裂缝非均匀扩展，最优的相同倾角孔眼之间距离为 16 m，相邻两孔之间距离为 8 m。③从裂缝总量和几何尺寸上看，排量为 0.2 m³/min 时，分支裂缝的扩展长度最大，可以将排量 0.2 m³/min 作为施工的最优参数。④钻孔倾角较小时（12°～32°），裂缝在煤层扩展；而倾角较大时（42°～62°）时，裂缝在顶板扩展。且不同扩展模式下，裂缝尺寸相差较大。但当 2 号孔眼倾角为 52° 时，分支裂缝数量最少，顶板稳定性最好，2 号孔眼的最优倾角可选择 52°。⑤随着煤层弹性模量的增大，裂缝扩展范围逐渐增大，分支裂缝数量逐渐增加，压裂改造体积逐渐增大。因此，为了增加注水孔眼压裂改造效果，建议选择弹性模量较大的煤层施工。⑥本区域分段压裂水力裂缝主要在顶板岩层中扩展，水力主裂缝为水平裂缝，扩展规模相对较大，各孔眼各压裂段水力主缝扩展尺寸基本一致。不同倾角孔眼水力裂缝之间在顶板中均匀分布，相互无沟通，但相同倾角孔眼之间水力裂缝有约 8 m 的重叠区，存在串通风险。但分支裂缝数量及规模则相对较小。整体而言，该注水压裂方案能较好地切割顶板岩层，释放顶板应力，降低后期煤层开采风险。

（3）项目研究成果在官板乌素煤矿 615 综放工作面进行井下试验，取得了良好的技术效果。

①官板乌素煤矿 615 工作面井下水力压裂初次放顶试验表明，水力压裂技术对于特厚难垮顶板的控制有其独特的优势和特点，有效促进工作面顶板及时垮落，减小了初次来压步距，减小了工作面来压对工作面的影响，显著提升了特厚难垮顶板的管理水平。②615 综放工作面动压巷道水力压裂卸压井下试验表明，水力压裂卸压技术能够有效地降低动压巷道的矿压显现强度，提升巷道围岩管理水平。③615 综放工作面顶煤水力压裂井下试验表明，水力压裂能够改善顶煤冒放性，对于提升煤炭资源回收率具有重要意义。

6.2 技术效果

6.2.1 对难垮顶板的控制作用

本项目水力压裂顶板控制技术与装备的研发，大幅度提高了水力压裂对坚硬难垮顶板的控制作用。项目开发的小孔径高压跨式膨胀型封隔器可实现高压封孔和分段逐次压裂,实现了同一钻孔多次压裂弱化;针对煤矿坚硬难垮顶板条件,选取的压裂参数可使水力裂缝在顶板岩层中大范围扩展。

水力压裂技术可有效促进坚硬难垮顶板的垮落,减小初次来压和周期来压步距,减弱顶板来压对工作面及巷道的影响。显著提升了坚硬难垮顶板的管理水平。

6.2.2 动压巷道应力控制

项目研究成果解决了神东矿区动压巷道难以维护难题。通过对顶板岩层高应力集中区域实施水力压裂,削弱高应力集中程度,从而改善围岩应力环境,从根本缓解巷道围岩变形,保证工作面安全生产。

6.2.3 对顶煤的作用

通过对顶煤实时超前水力压裂弱化作业,可增加开切眼和回采期间的顶煤放出量,提高煤炭资源回收率,增加煤炭产量,同时注入水可使岩尘、煤尘减少,对防止煤层自燃也有利,是一项绿色的顶煤弱化控制技术。

6.2.4 对煤矿安全的作用

与爆破控顶相比,水力压裂控顶有显著的安全作用,可有效避免诸多问题,如强烈震动、产生大量 CO 污染井下空气、高瓦斯矿井等问题。随着水力裂缝的起裂、扩展及其与原生裂隙的连通,在一定程度上起到了预先排放瓦斯的作用,减少工作面瓦斯涌出量,保证工作面安全开采。

通过超前压裂特厚坚硬煤岩层,大幅降低工作面来压强度,对于工作面和巷道围岩安全管理具有重要意义。

6.3 效益与创新

6.3.1 经济效益

官板乌素煤矿推广应用取得的经济效益如下。

1. 水力压裂初次放顶方面

采用水力压裂初次放顶技术后,每个工作面节约成本约 5 万元,降低了初次放顶对工作面正常生产的影响,煤炭产量新增共计 90000 t。按照吨煤 409 元计算,新增产值累计 3681 万元,新增利润累计 2889 万元,新增税收累计 792 万元。

2. 水力压裂动压巷道应力控制方面

动压巷道水力压裂应力控制可大幅度减小巷道变形量,削弱动压显现程度,减少巷道维护及起底工程量,节约成本累计 650 万元,保证工作面安全、连续生产,增加煤炭产量,新增产值累计 2300 万元,新增利润累计 1805 万元,新增税收累计 495 万元。

3. 水力压裂提升顶煤冒放性方面

综放工作面顶煤回收率由 55%~65.38% 提升至 78.5%，平均提升约 18.6%，每千米推进度增加煤炭资源回收量约 43 万 t，新增产值约 1.76 亿元，新增利润约 1.38 亿元，新增税收约 3872 万元。

综上，每个工作面（1000 m 推进度）新增产值约 2.3581 亿元，新增利润约 1.8494 亿元，新增税收约 5159 万元。

6.3.2 社会效益

6.3.2.1 提高顶板控制水平，有利于矿井安全生产

本研究开发了小孔径高压跨式膨胀型封隔器及配套压裂机具、设备和仪器，进行了水力压裂控制坚硬难垮顶板和主回撤通道卸压研究，并成功应用于煤矿井下。项目研究成果提高了特厚难垮煤岩层的管理水平和动压巷道的稳定性，保证了工作面开采的安全，有效遏制了煤矿顶板事故的发生，对改善我国煤矿安全状况起到了重要作用。

6.3.2.2 改善作业环境有利于减轻工人劳动强度

研究成果在官板乌素煤矿的成功应用，有效控制特厚煤岩层的垮落，避免了爆破产生的震动对地面的扰动、产生的 CO 等有害气体对环境和人员的危害，施工工艺和过程大幅简化，如巷道修复工程量大幅降低，钻孔数量大幅减少，封孔工作大大简化，显著改善了工人劳动强度和作业环境。

6.3.3 创新点

（1）获得不同地应力场及钻孔参数对水力裂缝起裂与扩展的影响规律。对于完整煤岩层，地应力场是水力裂缝扩展的主控因素，对于发育煤岩层，天然裂缝是水力裂缝扩展的主控因素。

（2）建立顶板岩层水力压裂数值模型，为压裂参数的确定提供重要依据，结合井下工业性示范，确定出官板乌素煤矿煤岩层压裂改造主控参数。

（3）为特厚煤岩层综放工作面顶板控制、顶煤弱化及动压巷道治理提供有益方法，水力压裂初次放顶确保顶板关键岩层能够及时、安全垮落，保证初采安全；动压巷道水力压裂卸压有效降低围岩应力集中程度；顶煤水力压裂有效提升顶煤冒放性。

参 考 文 献

[1] 杨胜利. 寺河煤矿二号井工作面坚硬顶板定向水力压裂研究 [J]. 科技与企业, 2014 (18): 90, 92.

[2] 冯彦军. 煤矿坚硬难垮顶板水力压裂裂缝扩展机理研究及应用 [D]. 北京: 煤炭科学研究总院, 2013.

[3] 王跃权. 大埋深矿井工作面双回撤通道水力压裂卸压技术 [J]. 煤炭科学技术, 2018 (s2).

[4] 宋明明. 水力压裂切顶在寺河矿的应用 [J]. 山东煤炭科技, 2017 (4): 127-130.

[5] 郭凯. 回采工作面超前应力集中段水力压裂卸压时机研究 [D]. 北京: 煤炭科学研究总院, 2020.

[6] Adler L, Sun M. Ground control in bedded formations [J]. Research Division Bulletin - Virginia Polytechnic Institute and State University, 1968.

[7] 王金安, 尚新春, 刘红, 等. 采空区坚硬顶板破断机理与灾变塌陷研究 [J]. 煤炭学报, 2008, 33 (8): 850-855.

[8] 王金安, 李大钟, 尚新春. 采空区坚硬顶板流变破断力学分析 [J]. 北京科技大学学报, 2011, 33 (2): 142-148.

[9] 姚精明, 闫永业, 尹光志, 等. 坚硬顶板组合煤岩样破坏电磁辐射规律及其应用 [J]. 重庆大学学报, 2011, 34 (5): 71-75, 81.

[10] 岑传鸿, 窦林名. 采场顶板控制及监测技术 [M]. 徐州: 中国矿业大学出版社, 2009.

[11] 王祥, 谭维佳. 复杂应力下巷道底鼓控制关键技术研究 [J]. 能源与环保, 2021, 43 (11): 299-304, 310.

[12] 陈萍萍. 爆破卸压对深部高应力区矿山巷道稳定性的影响分析 [D]. 武汉: 武汉理工大学, 2018.

[13] 王平. 巷道顶板支护失效原因分析及处理措施 [J]. 西部探矿工程, 2021, 33 (8): 157-158.

[14] 徐刚. 改善综放开采高韧性顶煤冒放性技术研究 [D]. 北京: 煤炭科学研究总院, 2004.

[15] 李慧. 浅埋藏坚硬特厚煤层放顶煤开采顶煤冒放性研究 [D]. 太原: 太原理工大学, 2007.

[16] 徐天彬. 高韧性特厚煤层综放开采顶煤冒放性及控制研究 [D]. 西安: 西安科技大学, 2005.

[17] 邓广哲. 煤层裂隙应力场控制渗流特性的模拟实验研究 [J]. 煤炭学报, 2000 (6): 593-597.

[18] 李继平. 磁窑堡煤矿二号煤层综放开采顶煤弱化及开采工艺 [J]. 煤炭工程, 2009 (9): 39-41.

[19] 谢俊文, 王金安, 韦文兵. 厚煤层综放开采顶煤运移及应力分布规律的数值分析 [J]. 中

国矿业，2005，14（10）：56-59.

[20] 李伟，万志军，姜福兴，等. 大倾角综放面端面顶煤稳定性控制数值模拟及应用 [J]. 中国矿业大学学报，2008，37（6）：797-801，829.

[21] 付亚平，金志刚，韩军. 软岩褐煤综采低位放顶煤一次采全高的实践 [J]. 煤炭科学技术，2005，33（8）：45-47.

[22] 吴健，张勇. 综放采场支架-围岩关系的新概念 [J]. 煤炭学报，2001.

[23] 师幼安，索永录. 坚硬煤层综放开采支架-围岩关系特点分析 [J]. 西安科技大学学报，2004，24（2）：141-144.

[24] 李雷东. 罐子沟煤矿综放工作面顶煤弱化技术及应用 [D]. 西安：西安科技大学，2012.

[25] 李永平. 综放开采时难冒煤层矿压显现特点及处理技术 [J]. 山西煤炭，2009，29（3）：24-25.

[26] 靳钟铭. 放顶煤开采理论与技术 [M]. 放顶煤开采理论与技术，2001.

[27] 索永录. 综放开采坚硬顶煤预先爆破弱化技术基础研究 [D]. 西安：西安科技大学，2004.

[28] 冯彦军，康红普. 水力压裂起裂与扩展分析 [J]. 岩石力学与工程学报，2013，32（7）：3169-3179.

[29] 徐芝纶. 弹性力学. 上册 [M]. 2版. 北京：人民教育出版社，1979.

[30] Haimson B, Fairhurst C. Hydraulic Fracturing in Porous-Permeable Materials [J]. Journal of Petroleum Technology, 1969, 21 (7): 811-817.

[31] Schmitt D R, Zoback M D. Poroelastic effects in the determination of the maximum horizontal principal stress in hydraulic fracturing tests: A proposed breakdown equation employing a modified effective stress relation for tensile failure [J]. International Journal of Rock Mechanics & Mining Sciences & Geomechanics Abstracts, 1989, 26 (6): 499-506.

[32] Hubbert M K, Willis D. Mechanics of hydraulic fracturing [J]. Transactions of the AIME, 1972, 18 (1).

[33] Aliha M, Ayatollahi M R, Smith D J, et al. Geometry and size effects on fracture trajectory in a limestone rock under mixed mode loading [J]. Engineering Fracture Mechanics, 2010, 77 (11): 2200-2212.

[34] Kayupov M A, Partheymüller P, Kuhn G, et al. Hydraulic pressure induced crack orientations in strained rock specimens [J]. 1998, 35 (4-5): 434-435.

[35] 李术才，李树忱，朱维申，等. 裂隙水对节理岩体裂隙扩展影响的CT实时扫描实验研究 [J]. 岩石力学与工程学报，2004，23（21）：3584.

[36] 张敦福，朱维申，李术才，等. 围压和裂隙水压力对岩石中椭圆裂纹初始开裂的影响 [J]. 岩石力学与工程学报，2004（z2）：5.

[37] Zhang G Q, Chen M. Dynamic fracture propagation in hydraulic re-fracturing [J]. Journal of Petroleum Science & Engineering, 2010, 70 (3-4): 266-272.

[38] 康红普，冯彦军. 煤矿井下水力压裂技术及在围岩控制中的应用 [J]. 煤炭科学技术，

2017, 45 (1): 9.

[39] 潘俊锋, 马文涛, 刘少虹, 等. 坚硬顶板水射流预制缝槽定向预裂防冲技术试验 [J]. 岩石力学与工程学报, 2021.

[40] 唐铁吾, 刘大安, 崔振东, 等. 煤矿顶板致裂水压力的断裂力学评估 [J]. 煤炭学报, 2020, 46 (S2): 727-735.

[41] 牟全斌, 闫志铭, 张俭. 煤矿井下定向长钻孔水力压裂瓦斯高效抽采技术 [J]. 煤炭科学技术, 2020, 48 (7): 8.

图书在版编目（CIP）数据

综放工作面特厚难垮煤岩层水力压裂控制技术研究及应用/
王明日等著．--北京：应急管理出版社，2023

ISBN 978-7-5020-9667-0

I.①综⋯ II.①王⋯ III.①特厚煤层—顶板岩层—综采工作面—
水力压裂—研究 IV.①TD823.25

中国版本图书馆 CIP 数据核字（2022）第 214629 号

综放工作面特厚难垮煤岩层水力压裂控制技术研究及应用

著　　者	王明日　杨宝忠　朱贵祯　高艳刚
责任编辑	尹燕华　武鸿儒
责任校对	李新荣
封面设计	解雅欣

出版发行 应急管理出版社（北京市朝阳区芍药居 35 号　100029）
电　　话 010-84657898（总编室）　010-84657880（读者服务部）
网　　址 www.cciph.com.cn
印　　刷 廊坊市印艺阁数字科技有限公司
经　　销 全国新华书店

开　　本 710mm×1000mm$^1/_{16}$　**印张** $10^3/_4$　**字数** 200 千字
版　　次 2023 年 4 月第 1 版　2023 年 4 月第 1 次印刷
社内编号 20221411　　　　　**定价** 40.00 元